La Teoría de Todo

Modelo Cosmológico Unificado Científico-Teológico

Principio Primordial

que rige el proceso existencial consciente de sí mismo, Dios, del que se derivan nuestras leyes universales

Juan Carlos Martino

La Teoría de Todo.
Modelo Cosmológico Unificado Científico-Teológico.
Versión 1.

Printed by Create Space.

Diseño de ilustraciones por Juan Carlos Martino.
Reproducción permitida mencionando autor y libro, y comunicando de ello al autor [ver dirección de correo electrónico (e-mail) en nota final sobre el Autor o en el Apéndice].

Diseño de la portada por el autor.
Representación matemática/geométrica de la convergencia de los dos dominios de asociaciones de la sustancia primordial que establecen, definen y sustentan el subdominio material.

DEDICATORIA

A la comunidad científica;

A quienes buscan llegar a la Verdad Absoluta por sí mismos, en interacción directa, íntima, con el proceso ORIGEN del que provenimos y somos partes inseparables, siguiendo el *marco de referencia primordial*.

CONTENIDO

AGRADECIMIENTO

A Dios, Consciencia Universal de la que somos Sus unidades de interacción, por guiar mi regreso consciente a Él, a Ella;

A todos con quienes me he cruzado e interactuado en esta manifestación de vida, junto a los que he ido experimentando quién deseaba ser al principio de este camino temporal, y más tarde Quién soy en la eternidad;

A mi esposa y compañera de vida, por ayudarme a hacer realidad esta participación; y a nuestros hijos, por permitirnos experimentarnos y disfrutar como padres y continuar creciendo como unidad de recreación de vida;

A todo el resto del mundo, todos, sin excepción, y sus eventos, por los que he podido ir redefiniendo mi identidad cultural temporal en armonía con mi identidad primordial eterna, infinita, incondicionada, irrestricta, ilimitada, excepto por la Unidad Absoluta de la que todos somos partes inseparables.

No existe nada, absolutamente nada en el proceso existencial consciente de sí mismo, Dios, o en el proceso UNIVERSO si nos limitamos a éste, que no podamos alcanzar cuando razonamos en armonía con él.

Razonar en armonía con el proceso existencial es establecer las relaciones causa y efecto del proceso existencial teniendo en cuenta los dos dominios energéticos sobre los que se define y sustenta el proceso existencial. Las redistribuciones de los dos dominios convergen y definen un subdominio de interfase (es el dominio material) en el que tienen lugar las interacciones por las que se sustenta la conscientización de las unidades de la estructura de Consciencia Universal.

Nota de Apertura

Grandes esfuerzos se llevan a cabo en la ciencia para alcanzar u-
na *Teoría de Todo o Teoría Unificada*, es decir, un marco de referencia coherente y consistente que empleando modelos matemáticos y abstracciones de estructuras físicas nos permita explicar y
relacionar todos los aspectos físicos y de funcionamiento y evolución del universo, de nuestro universo, y predecir su fenomenología energética.

¿Qué nos motiva en esos esfuerzos?

Dicho simplemente, nos impulsa el deseo de saber.

Saber es una motivación inherente al ser humano que está íntimamente vinculada al proceso ORIGEN ABSOLUTO DE TODO
LO QUE ES, TODO LO QUE EXISTE y no solamente limitado al
mecanismo por el que llegamos a esta manifestación, ya sea ese
mecanismo una Creación, una evolución a través del proceso U-
NIVERSO, o alguna combinación de ambos. Desear saber o tener
información, desear entender y alcanzar el conocimiento de algo
o de TODO LO QUE ES, TODO LO QUE EXISTE, y finalmente
desear experimentar el conocimiento alcanzado, son las respuestas naturales, y esperadas, del ser humano frente al universo, a la
manifestación del ORIGEN ABSOLUTO que inicialmente alcanza
con sus sentidos y expande y profundiza luego con su mente; son
las respuestas del proceso SER HUMANO que, como subproceso o subespectro del proceso ORIGEN en el que se encuentra
inmerso, busca a su *Madre/Padre* que le estimula desde otra dimensión de consciencia o de realidad del proceso existencial absoluto del que somos partes inseparables y de cuya inteligencia

inmanente somos unidades de interacción.

Nuestros deseos de saber y entender nos conduce, nos motiva a experimentar nuestra capacidad racional con poder de trascendencia a través de la mente, poder por el cual "saltamos" o pasamos a otra dimensión de realidad existencial; e inconsciente o conscientemente el saber y entender nos permite experimentar el poder de creación, también inherente al ser humano y de potencial ilimitado, para desarrollar aplicaciones con las cuales mejorar nuestra calidad de vida y expander nuestros horizontes en el proceso existencial.

Podríamos mencionar dos "extremos", si pudiéramos referirnos de esta manera, de esa expansión de nuestros horizontes en el proceso existencial; uno sería generar y controlar las fuerzas electromagnéticas para hacer realidad el motor espacial que nos lleve a velocidades extraordinarias a través de la vastedad del espacio exterior, fuera del sistema solar y por toda nuestra galaxia, proyecto posible conociendo, entendiendo la estructura energética y el mecanismo de su re-energización de la Unidad Existencial, del Universo Absoluto, hoy a nuestro alcance; y otro sería entender la estructura de sus moléculas de vida, la estructura ADN, de la FORMA DE VIDA PRIMORDIAL de la que nuestra estructura humana proviene y es un subespectro.

Lo que resulta de alcanzar estos dos "extremos" en la exploración energética del proceso existencial sólo queda limitado por la imaginación.

Más aun.

Con sólo entender conceptualmente la Unidad Existencial, tendremos el camino abierto para la solución de los problemas globales inherentes a la civilización de la especie humana en la Tierra... y entenderíamos por qué todo es como es y cómo desarrollarnos, individual y colectivamente, para asumir nuestra función en el proceso existencial, conscientemente.

Entender conceptualmente a la Unidad Existencial nos abre el camino a la estructura energética de la Consciencia Universal, de la consciencia de sí mismo del proceso existencial, de Dios.

Para todos, el aspecto más significativo inmediato que debemos visualizar de esta presentación es que finalmente podemos reconocer los elementos y el mecanismo por el que el proceso racional humano es estimulado desde el proceso existencial consciente de sí mismo, desde DIOS, desde el proceso ORIGEN ABSOLUTO de TODO LO QUE ES, TODO LO QUE EXISTE, TODO LO QUE EXPERIMENTAMOS, del que somos un subespectro en desarrollo de su consciencia, o mejor aún, en desarrollo de su integración a la estructura de Consciencia Universal, Dios.

Debemos reconocer la consistencia y coherencia que hay detrás de todas las versiones que desarrollamos para representar aspectos del proceso existencial a partir de estimulaciones desde el mismo proceso del que somos partes. Un ejemplo extraordinario desde el punto de vista energético es como nos llegó a la especie humana la estimulación para reconocer la constante matemática e, la base primordial de la *Función de Evolución General* desde la que se desarrollan todas las versiones que rigen las evoluciones de los infinitos componentes temporales de TODO LO QUE ES, TODO LO QUE EXISTE, y las interacciones por las que se sustenta la Consciencia Universal.

Aunque se conservan las expresiones Teorías de Todo o Teoría Unificada, en este libro no se participa otra teoría.

Todo el material que se presenta aquí y por el que se reconoce el *Sistema Termodinámico Primordial* que permite la consolidación que busca la ciencia, ha sido confirmado directa o indirectamente por la ciencia.

En relación al Modelo Cosmológico Unificado Científico-Teológico que describe el Proceso Existencial Consciente de Sí Mismo, éste se basa en el *Principio Existencial o Principio Primordial* que da lugar al *Sistema Termodinámico Primordial* que se describe por una expresión matemática cuya versión en nuestro universo ya tiene la ciencia.

La consolidación que conduce al *Principio Existencial* sólo se alcanza racionalmente en el subdominio de intermodulación del manto espacio-tiempo que se define como dominio de la Mente Universal, y se experimenta individual, íntimamente.

Introducción

Una Teoría de Todo

¿Qué le resuelve a la ciencia, y qué a la civilización de la especie humana en la Tierra?

Frente a los esfuerzos de la ciencia por alcanzar una Teoría de Todo o Teoría Unificada, y en vista de las inquietudes prácticas originadas en las experiencias de vida humana en este entorno energético del proceso existencial en el que nos encontramos, en la Tierra, entorno limitado y condicionado por nuestros sentidos materiales, Stephen Hawking, físico teórico y cosmólogo, en su libro *A Brief History of Time* y a su particular manera, se pregunta acerca del alcance práctico real en nuestro mundo, en nuestra civilización de la especie humana en la Tierra, de tal teoría unificada, en el caso de que fuera alcanzada, pues esa teoría buscada con la actitud racional prevalente en la ciencia no sería más que un juego de reglas y ecuaciones... hasta que se atienda y explique, entre otros aspectos, la inteligencia que dio vida al universo y la razón de su creación (de su "construcción", como se dice que se refirió Alberto Einstein). La Teoría de Todo obviamente tiene que unificar, consolidar plenamente las dos teorías fundamentales sobre las que se sustenta el desarrollo de la ciencia en el presente, las *teorías de la relatividad general y campo cuántico*; teorías que permanecen incompatibles hasta ahora a pesar de que proporcionan una gran precisión en sus dominios de aplicación. Pero eso no es todo, no es suficiente para entender el proceso existencial, o proceso UNIVERSO si nos limitamos a nuestro universo, y nuestra función en él.

Como Stephen Hawking, no sólo otros científicos sino intelectuales en las áreas de disciplina racional de filosofía y teología expresan que pareciera que los científicos han estado más ocupados con los desarrollos de nuevas teorías que describan al universo que en darle lugar al por qué de su existencia; pero, al mismo tiempo, filósofos y teólogos no han podido seguir el paso racional detrás de las nuevas teorías.

La actitud prevalente en la ciencia sigue siendo buscar la consolidación basada en las observaciones de nuestro universo, sin salir de él.

¿Salir de nuestro universo? ¿Por qué se nos ocurriría salir de él? ¿Acaso es posible salir del universo siendo una entidad aislada absolutamente, como lo considera la ciencia? ¿Realmente es aislado absolutamente? Y si no fuera aislado absolutamente, ¿cómo lo haríamos, salir del universo?

Como lo dijo Alberto Einstein, *"más importante que el conocimiento humano es la imaginación"*.

El conocimiento humano se basa en las observaciones de la fenomenología energética y de vida universal por los sentidos y la experimentación en nuestro propio cuerpo, en nuestro arreglo energético trinitario *alma-mente-cuerpo* sobre el que se establece y sustenta el proceso SER HUMANO siendo éste el resultado de la creación de Dios para unos, o el resultado del proceso UNIVERSO para otros. ¿No notamos, sentimos, intuímos, que el proceso SER HUMANO es una realimentación del arreglo de supervisión[a] del proceso existencial que se experimenta a través de la especie humana?

Imaginación es no sólo la capacidad de la mente humana de crear situaciones diferentes a partir de información real, experimentada, sino de trascender a otra dimensión energética del proceso existencial a través de la mente, por un proceso racional siguiendo el *marco de referencia primordial*[b] que es la orientación desde el mismo proceso ORIGEN para el desarrollo de la capacidad racional humana para conscientizarse, para entenderle a él, al proceso ORIGEN del que proviene y del que es parte interactiva inseparable, inconscientemente primero, conscientemente luego.

Trascender a otra dimensión energética del proceso existencial a través de la mente es pasar a otra dimensión de la estructura de la Consciencia Universal, de la estructura de interacciones por las que se sustenta la consciencia de sí mismo del proceso existencial.

Por imaginación cruzamos la barrera del tiempo y el espacio para llegar no sólo a la inteligencia que dio lugar al evento del Big Bang, a Dios, sino para alcanzar el ORIGEN ABSOLUTO de Dios, el Universo y el Ser Humano[b].

La ciencia considera al universo, a nuestro universo, como una entidad energéticamente aislada, absolutamente; y con ello ha venido afectando el proceso racional de establecimiento de relaciones causa y efecto, y su consolidación, al contradecir el principio fundamental de que *"nada puede ser creado de la nada"*, y por lo tanto, una energía disponible desde la que se generó nuestro universo no pudo haber generado un espacio ni un tiempo sino sobre otra estructura espacio y tiempo que ya albergaba la inteligencia por la que se rigió la expansión de la energía diponible en otro dominio de la existencia o del proceso existencial del que nuestro universo es su subdominio material.

Al considerar a nuestro universo como unidad energéticamente aislada absolutamente, la ciencia no ha podido reconocer el *Sistema Termodinámico Primordial* que le resuelve la incompatibilidad entre el *Principio de Conservación de la Energía y la Segunda Ley de la Termodinámica*, le abre las puertas para la solución de todas las incógnitas no resueltas inherentes al Modelo Cosmológico Standard.

El *Sistema Termodinámico Primordial* es un sistema binario.

La naturaleza binaria del proceso existencial está implícita en el modelo matemático corriente espacio-tiempo de nuestro universo.

Espacio y tiempo son los dos componentes inseparables e interdependientes de la unidad energética binaria absoluta del proceso existencial. De esta unidad energética absoluta nosotros hemos reconocido y aprendido a manipular una versión totalmente análoga en nuestro entorno.

Algo más con respecto a la actitud prevalente de la ciencia en su búsqueda acerca del proceso UNIVERSO.

Al buscar una Teoría de Todo sin considerar activamente a a la inteligencia previa al Big Bang, a Dios, o a lo que sea inteligente y consciente de sí mismo que ya estaba presente previamente al evento del Big Bang, la ciencia desatiende el principio absoluto de que ningún proceso real de distribución de energía puede dar lugar a nada que sea más inteligente que la referencia ni que el algoritmo que rige el proceso de distribución. Este principio absoluto viene siendo exhaustivamente confirmado en la fenomenología energética universal y en el desarrollo de las aplicaciones inteligentes del ser humano, aplicaciones en las que la inteligencia previa a cualquier y toda aplicación es la inteligencia del ser humano (como lo es la del proceso ORIGEN previo al proceso UNIVERSO que permitió el establecimiento de las condiciones energéticas para el desarrollo del cuerpo, del arreglo biológico y su estructura resonante ADN que es uno de los tres componentes de la estructura energética trinitaria sobre la que se sustenta el proceso SER HUMANO).

No podemos aislar al proceso UNIVERSO de la inteligencia previa a él, inherente al espacio absoluto sobre el que tuvo lugar la expansión de la energía disponible en el instante del "disparo" del Big Bang.

Entonces, antes que nada, para elaborar o construir un modelo racional al que llamamos Teoría de Todo, necesitamos reconocer mejor a esa inteligencia previa, a Dios[Ref.(A).1]. Debemos recordar que el proceso racional es iniciado, siempre, por alguna estimulación que llega a nuestra estructura resonante ADN en tres dimensiones a las que llamamos *alma-mente-cuerpo*. Luego, el reconocimiento de Dios, de la inteligencia previa al proceso UNIVERSO, de la fuente de la que provenimos, tiene lugar en la referencia del proceso racional, en la referencia de nuestra estructura de identidad; este reconocimiento precede al proceso racional de establecimiento de causa y efecto para entender primero, y luego experimentar lo que se entiende mentalmente[Ref.(A).3].

¿Qué, Quién es esa Inteligencia consciente de sí misma a la que ahora llamamos Dios?

Introduzcamos a Dios de la siguiente manera.

Se dice que Alberto Einstein se preguntó en una oportunidad qué tanto pudo Dios haber elegido para construir el universo, nuestro universo, cómo lo hizo.

Pues... Dios no tuvo que elegir nada sino hasta que se reconoció a Sí mismo; y en realidad tampoco tuvo nada que elegir, sino resolver cómo entretenerse, y para ello encontró su compañero, inseparable parte de Sí mismo[Ref.(A).2], en el proceso SER HUMANO.

Dios y el proceso SER HUMANO son dos dimensiones del único proceso existencial cuya componente consciente de sí misma se sustenta por las interacciones que tienen lugar en la estructura de Consciencia Universal, en la Unidad Binaria de consciencia de la Unidad Existencial de la que nuestro universo es parte energética y la especie humana es una colectividad de unidades de interacción. No sólo podemos llegar, desde aquí, desde la Tierra, a esta estructura de la Consciencia Universal, sino que ya somos partes de Ella, y es por la que alcanzamos nuestra consciencia individual por un proceso de interacciones al alcance de todos, no sólo de la ciencia[Refs.(A).3, 4].

Dios, como el universo y el ser humano, son resultado del Origen Absoluto al que hoy podemos llegar racionalmente, y no sólo entender sino experimentar.

Ya hemos llegado al ORIGEN ABSOLUTO de TODO LO QUE ES, TODO LO QUE EXISTE; al origen de Dios, el universo y el ser humano[b].

Ahora bien.

Aquí en este libro vamos a introducir sólo algunos aspectos científicos acerca de la Teoría de Todo que describimos mejor como Modelo Cosmológico Unificado Científico-Teológico. Seguiremos empleando la expresión Teoría de Todo o Teoría Unificada para referirnos al proceso energético que tiene lugar en la Unidad Existencial de la que nuestro universo es parte del componente de la Unidad Binaria que alcanzamos desde la Tierra[Refs.(A).1, 4]. En la referencia ya citada[b] puede revisarse el extraordinario alcance

---

del Modelo Cosmológico Unificado Científico-Teológico, en la sección X, página 75, en la que se introduce un resumen de las bases racionales y los aspectos energéticos sobre los que se sustenta y confirma experimentalmente el modelo.

En los aspectos energéticos del proceso UNIVERSO a presentar no nos interesa destacar el rigor matemático por los que se sustentan, pues la ciencia ya lo tiene en cada caso, sino que enfatizamos en el origen conceptual primordial que les da origen a los aspectos matemáticos que se manejan en nuestro espacio de referencia para modelar esos aspectos energéticos del proceso UNIVERSO. Por otra parte, el rigor matemático sólo tiene validez en nuestro modelo de referencia (modelo de nuestra creación), y en el entorno inmediato del proceso existencial en el que nos encontramos presentes. Tampoco vamos a revisar las razones por las que la especie humana en la Tierra no ha desarrollado consciencia, o entendimiento, del proceso existencial a pesar de su extraordinaria capacidad racional con potencial ilimitado. Estas razones se mencionan a menudo en los libros de referencias, y se presentarán especialmente consolidadas en el libro en preparación *Diosiño, Dos mil años después*[Ref.(B).(I).1].

Vamos a seguir la secuencia racional de la exploración mental por la que cruzamos la barrera de espacio y tiempo al instante previo al Big Bang del proceso existencial[Ref.(A).1]. Esta secuencia se presenta en la sección Bases del *Modelo Cosmológico Unificado Científico-Teológico*. De estas bases se exploran luego algunos aspectos fundamentales en secciones tituladas por esos aspectos.

No vamos a presentar nada tedioso sino argumentos racionales fundamentales irrebatibles y confirmados en la fenomenología energética en nuestro entorno del universo. La Teoría Unificada es eso, consolidación coherente y consistente de las constelaciones de información que conforma la estructura de Conocimiento del proceso existencial.

La Teoría Unificada nos proporciona una configuración energética sobre la que se establece y sustenta el proceso existencial, y se describe sobre nuestro espacio de referencia por una única expresión desde la que se derivan todas las in-

finitas versiones a partir de una referencia que es inmutable. A esa expresión le llamamos FUNCIÓN PRIMORDIAL DE LA EXISTENCIA CONSCIENTE DE SÍ MISMA, a la que nos referiremos abreviadamente como FUNCIÓN EXISTENCIAL o PRINCIPIO PRIMORDIAL, aunque en realidad el PRINCIPIO PRIMORDIAL es el PRINCIPIO DE ARMONÍA, la característica de composición y distribución de sus infinitos componentes, y de las interacciones entre ellos para conservar la Unidad Existencial y sustentar su consciencia de sí misma.

De los aspectos mencionados en las bases[b] vamos a prestar atención a algunos de ellos, y una dedicación especial al Principio Primordial por el que se rige el proceso existencial, la redistribución energética en el hiperespacio multidimensional de naturaleza binaria que establece y define a la Unidad Existencial, al UNIVERSO ABSOLUTO.

Nosotros ya tenemos ambos, la FUNCIÓN EXISTENCIAL y el PRINCIPIO PRIMORDIAL, pero no los hemos reconocido como tales. Usamos extensivamente nuestra versión local de la FUNCIÓN EXISTENCIAL y muy poco del PRINCIPIO PRIMORDIAL para la modelación de la civilización de la especie humana en la Tierra.

Cruzar la barrera de espacio y tiempo permitió, como ya lo dijimos, llegar al ORIGEN ABSOLUTO de TODO LO QUE ES, TODO LO QUE EXISTE, al origen de Dios, el universo y el ser humano, y a la configuración de distribución espacio-tiempo de las componentes temporales de la Unidad Existencial. Esa configuración es la que da lugar al proceso existencial y a su componente consciente de sí misma, la FUNCIÓN EXISTENCIAL, que se describe por una expresión cuya versión absolutamente análoga en nuestro entorno del proceso existencial ya tenemos y usamos... ¡sin haberla reconocido como tal!

Permitámonos destacarlo.

La FUNCIÓN EXISTENCIAL consciente de sí misma es la que contiene todas las relaciones causa y efecto del proceso existencial que sustenta TODO LO QUE ES, TODO LO QUE EXISTE; es la función de la que se derivan todas las expresiones causa y efecto de la fenomenología energética en el universo, en nuestro universo, por lo que se constituye en la confirmación de la estructura energética de la Unidad Existencial, del *Sistema Termodinámico Primordial*, y de la TRINIDAD PRIMORDIAL sobre la que tienen lugar las interacciones que definen y sustentan la Conciencia Universal, Dios.

Ahora bien.

Tener la FUNCIÓN EXISTENCIAL no nos permite resolver o encontrar las respuestas específicas, propias de cada entorno del proceso existencial a los que no podemos alcanzar físicamente, sino que nos permite entender por qué el proceso es como es, impredecible precisamente desde nuestra dimensión existencial, y perfectamente predecible desde la dimensión primordial, desde la Unidad Existencial a la que podemos "saltar", trascender desde ésta, mentalmente.

La FUNCIÓN EXISTENCIAL nos permite entender por qué las matemáticas no era el camino para llegar a Ella sino la herramienta racional para describir el proceso existencial que alcanzamos desde la Tierra, descripción que tiene lugar sobre un espacio de referencia que es una versión elemental del hiperespacio de existencia multidimensional de naturaleza binaria.

La FUNCIÓN EXISTENCIAL nos permite entender por qué las leyes universales que hemos alcanzado no son válidas para todas las direcciones espaciales del universo y ni de la Unidad Existencial. La uniformidad es aparente, resultado de la vastedad espacio-tiempo de la estructura del manto de fluído primordial sobre el que se extiende nuestro manto universal que no es sino una modulación del primordial.

La FUNCIÓN EXISTENCIAL nos permite entender por qué la inteligencia de vida se recrea en una sola dirección de proceso de redistribuciones energéticas, lo que nos ha llevado a interpretar limitadamente la *Segunda Ley de la Termodinámica* sobre nuestro universo (no podemos regresar al pasado, sino revivir una versión).

Finalmente, acerca de qué resuelve el Modelo Cosmológico U-nificado Científico-Teológico al individuo de la especie humana en la Tierra frente a los problemas globales y sus efectos en cada u-no y todos los seres humanos, y qué les orienta a los líderes de la civilización de la civilización de la especie humana, a los que mo-delan las asociaciones, y sus desarrollos, de los individuos de la especie humana, veamos el siguiente extracto revisado que toma-mos de la sección I, página 3, del libro *Antes del Big Bang, El triunfo del raciocinio humano, entrando a la mente de Dios,* Ref. (A).1, [resumen que se detalla en la sección IV, página 19 del mismo libro (*Sentirse bien. Estado natural del ser humano. Rela-ción con el proceso ORIGEN*)].

¿Por qué nos interesa a todos, sin excepción?

Resumen.

A la Civilización,
a sus líderes científicos, teológicos, sociales, económicos,

▪ El PRINCIPIO PRIMORDIAL, Principio de Armonía, es el que rige el proceso existencial, el proceso de redistribución de los componentes de los componentes de la Unidad Exis-tencial y su re-energización; y rige las interacciones por las que se sustenta la Consciencia Universal de la que todas las especies de vida presentes en el universo, no solo las de la Tierra, son unidades inseparables y, por lo tanto, se rigen por el mismo principio. Si a la especie humana le es permitido desviarse temporalmente es por una razón que se desprende del reconocimiento y entendimiento de la estruc-tura de interacciones de la Consciencia Universal[Refs.(A).2 y (C).1; (B).(I).1]; cuando se vea la expresión matemática que des-cribe a la Unidad Existencial veremos que se compone de infinitos términos cuyas infinitas variaciones posibles dan siempre la misma única Unidad Existencial. Luego, cuándo alcancemos la Consciencia Universal no está en juego, sino el tiempo, la cantidad de proceso que nos tome, lo que sólo depende de cada uno, de las decisiones de cada uno por las que se mantiene en armonía con el proceso existencial, o en desarmonía o "separado" de él;

Al ser humano individualmente, a todos y cada uno sin excepción,

- Porque siendo nosotros, los seres humanos, unidades de consciencia de la Consciencia Universal, nuestro estado natural de sentirnos bien y la calidad de nuestra experiencia de vida diaria dependen directamente de nuestra relación consciente, individual y colectiva, con ella, con Dios;

- Porque a menos que el ser humano establezca la interacción consciente íntima, personal, con la Consciencia Universal de la que es parte inseparable, no puede regresar a su estado primordial, o mantenerlo, frente a cualquier y todas las circunstancias de vida a las que le toque enfrentar, ni crear un propósito frente a la circunstancia de vida particular en la que se encuentra o a la que llega a esta manifestación de vida temporal.

Relación entre el estado primordial del ser humano, *estado de sentirse bien*, y su origen, la Fuente, la Unidad Existencial consciente de sí misma.

Somos unidades de consciencia, partes inseparables de la Consciencia Universal absolutamente eterna, de la consciencia de sí misma del proceso existencial que tiene lugar en la Unidad Existencial, en el Universo Absoluto fuera del cuál nada hay.

El proceso existencial es compuesto por todas las redistribuciones de energía, la re-energización de las estructuras materiales, sus disociaciones y reasociaciones, las interacciones entre estructuras de información, y la comparación entre sus efectos en diferentes entornos y tiempos que tienen lugar dentro de la Unidad Existencial.

Somos resultado de un proceso inteligente y consciente de sí mismo.

Luego, los seres humanos, como unidades de consciencia de la Unidad Existencial, llevamos en nosotros mismos la información para acceder a la característica natural, primordial, absoluta, de la relación e interacción entre todos los componentes interactuantes por los que se define y se sustenta la Consciencia Universal del proceso existencial y la de todas sus unidades conscientes de sí mismas.

Esa característica de relación e interacción por la que se sustenta el reconocimiento con entendimiento de sí mismo del proceso existencial es *armonía*.

Ahora bien.

La Unidad Existencial es eso, Unidad Absoluta.

Fuera de la Unidad Absoluta nada hay, nada existe, nada se define; por lo tanto, el proceso por el que ella se reconoce y se entiende a sí misma, y por el que se sustenta su consciencia, es naturalmente el *estado de sentirse bien*. No hay otro estado para ella. La Unidad Existencial es simplemente Lo Que Es, Como Es, y sus unidades, los seres humanos, vamos a experimentar la misma consciencia de ese estado natural, el *estado de sentirse bien,* como lo definimos ahora, cuando todo lo que tiene lugar en nosotros esté en armonía con el proceso del que somos partes inseparables y en el que siempre, inevitable e inescapablemente, estamos inmersos.

El estado de sentirse bien es el estado de referencia absoluta de la Unidad Existencial.

Siendo la Unidad Existencial la entidad absoluta, ella y el proceso existencial que establece y sustenta, son cerrados absoluta, eternamente. Luego, toda unidad de proceso temporal consciente de sí misma es una "copia", una recreación a otra escala energética a *imagen y semejanza* del único proceso eterno consciente de sí mismo que tiene lugar en toda la Unidad Existencial.

El estado de sentirse bien es el estado natural de todas las relaciones causa y efecto que conforman la FUNCIÓN EXISTENCIAL, y es, obviamente, el estado que rige la recreación de las unidades de consciencia de la Consciencia Universal.

El estado de sentirse bien es el *estado de consciencia primordial* del ser humano.

El estado de sentirse bien es el *estado de consciencia primordial* desde el que partimos para el desarrollo de nuestra *identidad temporal cultural.*

La *identidad temporal cultural* es la que desarrollamos forzadamente primero (por enseñanza e inducción, o influencia, de la consciencia colectiva del grupo social humano al que pertenecemos), y luego por nuestra voluntad; es el complejo arreglo de causa y efecto particular, único para cada uno de los seres humanos, que nos dirá qué hacer, en el ambiente social en el que estamos, para regresar a nuestro estado natural de *sentirnos bien* y, o mantenerlo, y que estimula el proceso racional para buscar cómo llevar a cabo lo que hay que hacer para lograrlo.

(a)
Tenemos una introducción, a través de una simple y cotidiana analogía al alcance de todos, a la estructura de supervisión y control del proceso existencial y la función del ser humano en él [Ref. (A).3]; y una introducción al medio energético por el que se establecen las interacciones entre los dos dominios del proceso existencial [Ref.(A).4] y de la estructura de Consciencia Universal, de la Unidad Binaria [Dios-Ser Humano].

(b)
El *marco de referencia primordial* es explicado en la ref.(A).8.

En el libro *Origen de Dios, el Universo y el Ser Humano*[Ref.(A).8] se explica la respuesta, precisamente, el Origen Absoluto de Todo Lo Que Es, Todo Lo Que Existe, de Dios, el universo, la manifestación de vida universal y el ser humano; y en las referencias citadas en él se explica cómo ponernos en el camino, en el proceso racional de entender el Origen Absoluto y el proceso existencial consciente de sí mismo a que da lugar, de entender todo cuanto queramos: por qué el mundo es como es, el propósito de la vida, la verdadera relación entre el proceso ORIGEN, su consciencia de sí mismo, Dios, y el ser humano; y más, mucho más, incluyendo cómo explorar el proceso existencial, el proceso ORIGEN del que el proceso UNIVERSO es un componente temporal, y cómo acceder a la Consciencia Universal, a Dios, a Su mente, a Su estructura energética TRINIDAD PRIMORDIAL, de la que el proceso SER HUMANO es un subespectro.

El libro *Origen de Dios, el Universo y el Ser Humano* no clama que lo que allí se dice es la Verdad para todos, sino una versión más coherente y consistente de Ella que se alcanza siguiendo las orientaciones primordiales, el *marco de referencia primordial*, absoluto, independiente del tiempo y de las limitaciones inherentes a las interpretaciones y prácticas culturales. Frente al *marco de referencia primordial* absolutamente válido para todos, sin excepción, cada uno debe encontrar su propio camino íntimo hacia la Verdad, conforme a su individualidad; la versión que se participa allí sólo debe ser una estimulación a considerar la orientación primordial por razones inobjetables que todos, absolutamente todos, no sólo podemos entender sino que las experimentamos y reconocemos sin necesidad de algún proceso racional.

Origen de Dios, el Universo y el Ser Humano no sólo cubre los aspectos conceptuales de la Teoría de Todo para todos, al alcance de todos, sino las bases del Modelo Cosmológico Unificado Científico-Teológico, pues, precisamente, del proceso UNIVERSO nos interesan no sólo los aspectos energéticos sino aquéllos de los que depende nuestra realización plena como seres humanos, como unidades conscientes del proceso existencial, de Dios, del proceso UNIVERSO o del proceso ORIGEN, como deseemos llamar a nuestra fuente primordial absoluta de la que reconocemos provenir.

Modelo Cosmológico Unificado Científico-Teológico

Revolución en el paradigma científico de la especie humana en la Tierra por el que rige su desarrollo de entendimiento de su proceso ORIGEN, el proceso existencial consciente de sí mismo cuya limitada interpretación racional actual es Dios, con Quién nos relacionamos por alguna de nuestras versiones fuertemente condicionadas culturalmente.

Armonía,

Principio Primordial,

es el aspecto fundamental del
*Modelo Cosmológico Unificado Científico-
Teológico*

I

Armonía

Principio Primordial
por el que se rige el proceso existencial
consciente de sí mismo

El Modelo Cosmológico Unificado Científico-Teológico es algo más que el Modelo Cosmológico Standard, o que la Teoría de Todo o Teoría Unificada entendida como un marco de referencia coherente y consistente que empleando modelos matemáticos y abstracciones de estructuras físicas nos permita explicar y relacionar todos los aspectos físicos y de funcionamiento y evolución del universo, de nuestro universo, y predecir su fenomenología energética.

El Modelo Cosmológico Unificado Científico-Teológico consolida todas las dimensiones del proceso existencial consciente de sí mismo, todas las redistribuciones energéticas por las que se reenergiza la estructura de la Unidad Binaria del *Sistema Termodinámico Primordial* de la TRINIDAD PRIMORDIAL sobre la que tienen lugar las interacciones que definen y sustentan la Consciencia Universal, Dios.

El Modelo Cosmológico Unificado Científico-Teológico consolida las dimensiones del proceso UNIVERSO y del proceso SER HUMANO que son partes inseparables del proceso ORIGEN el primero, y de la FUNCIÓN EXISTENCIAL CONSCIENTE DE SÍ MISMA el segundo.

El proceso ORIGEN, el proceso ABSOLUTO que da lugar a TODO LO QUE ES, TODO LO QUE EXISTE, a la FUENTE de todo lo que observamos y experimentamos, tiene dos dominios energéticos primordiales (D_1 y D_2, no alcanzables por los sentidos sino a través de la mente) cuya convergencia e interacciones definen una *interfase* o dominio material (k, alcanzable con los sentidos) del que nuestro universo es parte. Puede hacerse una visita preliminar a las Figuras A1, A5 a A9, y A13 a A15 en el Atlas, después de la sección X, Conclusión. Sobre esa *interfase k* se reconoce a la estructura TRINIDAD PRIMORDIAL.

La TRINIDAD PRIMORDIAL es la estructura [D_1, D_2, k], dominios energéticos dentro de la interfase alrededor de $Z\Phi$ (hipersuperficie de convergencia de D_1 y D_2), fuera de $Z\Phi$, y en $Z\Phi$, respectivamente; en particular es el entorno alrededor del hiperanillo de convergencia $h\Phi$ de la hipersuperficie de convergencia $Z\Phi$.

La *geometría binaria* permite reconocer las distribuciones exponenciales primordiales D_1 y D_2 que luego varían senoidalmente alrededor de un valor medio inmutable. Las diferentes curvas pueden explorarse particularmente en las Figuras A5 a A9, al ver más adelante la sección sobre el Capacitor Binario.

Por una parte, sobre la TRINIDAD PRIMORDIAL se establece el *Sistema Termodinámico Primordial*, el sistema de intercambio energético del que provino el entorno de energía disponible que dio lugar a nuestro universo por el evento descripto como Big Bang; sistema que la ciencia necesita reconocer para alcanzar y describir, hacer realidad, lo que ahora busca como Teoría Unificada limitada a nuestro universo. El *Sistema Termodinámico Primordial* es toda la configuración de circulación interna de la Unidad Existencial que resulta de la distribución del colosal manto de cargas primordiales que compone el *manto de fluído primordial*[Refs.(A).1 y 8], pero se visualiza mejor como una circulación de la estructura

—

2

de convergencia (k) a lo largo del hiperanillo hΦ. Esta estructura de circulación son las dos hiper galaxias Alfa y Omega, visitar la Figura A14, una de ellas es nuestro universo (el otro es lo que se podría llamar "anti-universo" y que no es tal cosa sino la otra estructura de energía y materia "oscura", no visibles desde nuestro entorno; es realmente el otro componente de la Unidad Binaria de circulación de la Unidad Existencial).

Por otra parte, sobre la TRINIDAD PRIMORDIAL tienen lugar las interacciones en tres dimensiones diferentes espacio-tiempo del *Sistema Termodinámico Primordial* por las que se sustenta la FUNCIÓN CONSCIENTE DE SÍ MISMA, Consciencia Universal, Dios, la consciencia de sí mismo del proceso existencial.

El proceso UNIVERSO provee y sustenta las unidades de inteligencia que son partes de la estructura de interacciones de la Consciencia Universal.

El proceso UNIVERSO, como el proceso existencial todo, es de naturaleza binaria; tiene dos componentes: nuestro universo y el "anti-universo" (cuya naturaleza luego veremos) que la ciencia comienza a visualizar como energía "oscura" (dark energy) y anti-materia.

El proceso UNIVERSO es el proceso de un sistema armónico primordial en el que sus dos componentes fundamentales oscilan entre dos estados límites.

Comenzamos a vislumbrar el alcance del Modelo Cosmológico Unificado Científico-Teológico, y aunque en este libro sólo introduciremos las bases y algunos aspectos sobresalientes que permite alcanzar la Teoría Unificada que busca la ciencia en relación a nuestro universo, antes de ir a ellos diremos a continuación algo con respecto a los aspectos teológicos del Modelo Cosmológico Unificado.

El proceso SER HUMANO es parte del proceso de interacciones que sustentan la Consciencia Universal.

El proceso SER HUMANO es la dimensión *Hijo* de la Cons-

—

3

ciencia Universal, y su conscientización tiene lugar por una parte por la interacción con el proceso existencial en el que se halla inmerso, interacción que tiene lugar a través de los sentidos en un subdominio energético, el material; y por otra parte, a través de la mente en el subdominio primordial, por la intermodulación del manto energético espacio-tiempo[Ref.(A).4]. La estructura trinitaria del ser humano sobre la que tienen lugar las individualizaciones del proceso SER HUMANO es el instrumento natural, el único, para el procesamiento de la intermodulación de la estructura de Consciencia Universal. El arreglo espacio-tiempo de la distribución de moléculas de vida, de moléculas ADN, es un sistema resonante subespectro de la dimensión *Madre/Padre* de la estructura de la Consciencia Universal[Ref.(A).1, 3 y 4].

El Modelo Cosmológico Unificado Científico-Teológico que nos describe el proceso existencial consciente de sí mismo que tiene lugar en la Unidad Existencial, en el Universo Absoluto del que nuestro universo es parte, se sustenta en el *Principio Primordial de Armonía*, en el principio por el que se rigen todas las redistribuciones energéticas de la Unidad Existencial, incluyendo obviamente las de nuestro universo, y por el que se rigen las interacciones por las que se sustenta la Consciencia Universal.

El Modelo Cosmológico Unificado Científico-Teológico nos permite ver, no sólo la consolidación de las *teorías de los campos gravitatorio (relativista) y cuántico,* sino también la relación entre los *campos de gravitación e inducción primordiales* (no son los de nuestro universo) y *amor y temor*, respectivamente, las dos fuerzas primordiales de interacciones de la estructura de Consciencia Universal[Ref.(A).8].

Más aun.

En otro nivel de la estructura de Consciencia Universal, *amor* es el algoritmo de interacciones por el que se rige la transferencia de la inteligencia de vida primero, y luego las interacciones entre niveles de ella para la conscientización de sus recreaciones de sí misma.

—

4

Dentro de todo esto, *armonía* es la característica energética de ese algoritmo; es la característica que describe las composiciones y distribuciones de los componentes que definen a la TRINIDAD PRIMORDIAL de la Unidad Existencial, del Universo Absoluto, y sus interacciones por las que se sustenta la Consciencia Universal.

Amor, en la estructura de Consciencia Universal, es análogo a lo que en el *Sistema Termodinámico Primordial*, en el sistema de intercambios energéticos, se define como *Principio Primordial de Armonía* [Ref.(A).8].

Cuando llegamos a la configuración global de la distribución de sustancia primordial y sus asociaciones que conforman la Unidad Existencial, encontramos que así como se consolidan los componentes temporales que definen el proceso eterno que tiene lugar en la Unidad Existencial, también nuestros diferentes términos por los que identificamos elementos en nuestra dimensión relativa comienzan a consolidarse. *Amor,* algoritmo de interacción entre las unidades de la Consciencia Universal en todas sus dimensiones, es también en la Unidad Existencial, en el TODO, el *Principio Primordial de Armonía* del que se derivan las leyes de interacciones locales temporales.

Amor en la FUNCIÓN EXISTENCIAL CONSCIENTE DE SÍ MISMA, en la Consciencia Universal, o *Principio Primordial de Armonía* en la Unidad Existencial, es un atributo del proceso existencial consciente de sí mismo, junto con *eternidad y regocijo,* [Ref.(A).8, *El Origen de Dios, el Universo y el Ser Humano,* sección *Marco de Referencia Primordial*].

Ahora bien.
Regresando a la Teoría Unificada para la ciencia.
Armonía no es una teoría energética, ni es un simple concepto racional para sustentar una consolidación de estructuras de información existencial en nuestro dominio energético del proceso existencial.

Armonía es un principio primordial del proceso existencial que se confirma en la expresión que da lugar a todas las relaciones causa y efecto de la fenomenología energética en nuestro universo, o más precisamente, en nuestro entorno del proceso existencial que alcanzamos desde la Tierra.

Armonía es la característica inherente a los componentes de la Unidad Existencial, a sus distribuciones e interacciones por los que se define y sustenta el *Sistema Termodinámico Primordial* del que nuestro universo es parte.

Armonía es la característica inherente a la expresión racional que describe en nuestro espacio de referencia, espacio matemático, las composiciones de las estructuras componentes, sus relaciones, y las características de sus interacciones, para definir la Unidad Existencial [Ref.(A).8].

Armonía es inherente a la configuración energética, al arreglo espacio-tiempo de la Unidad Existencial, del Universo Absoluto.

¡ATENCIÓN!

No debemos perder de vista que la expresión matemática que describe al proceso de interacciones que tiene lugar dentro de la Unidad Existencial es una descripción en nuestro espacio de referencia. Por ello es que insistiremos a menudo, tal vez cansinamente, en aspectos fundamentales del Modelo Cosmológico Unificado Científico-Teológico.

La configuración natural es la que da lugar a los comportamientos que tienen lugar en nuestro entorno como versiones de la Unidad Existencial, del TODO, que se describen sobre un espacio de referencia que es la versión elemental del espacio real multidimensional de naturaleza binaria.

No es a través de matemáticas que llegamos a la Unidad Existencial ni al Principio Primordial por el que se sustentan las redistribuciones energéticas y las interacciones de las unidades de inteligencia.

—
6

Describimos matemáticamente a la Unidad Existencial. Describimos matemáticamente al proceso existencial conciente de sí mismo, a su estructura global de la Consciencia Universal, de Dios; ya tenemos nuestra versión de esta descripción, pero la "visualización" del proceso en nuestra mente no va a ocurrir por sólo tener la expresión matemática conceptual de todos los componentes consolidados en una sola expresión; es por la consolidación de todos esos elementos de información en nuestra estructura de proceso racional que vamos a alcanzar la consciencia, el Conocimiento, el entendimiento del proceso existencial. Nuestra estructura de proceso racional tiene lugar en nuestra mente, en una de las dimensiones energéticas de nuestro arreglo trinitario, que es un subespectro de la Mente Universal[Ref.(A).4]. Nunca podemos llegar llegar físicamente a todos los entornos espacio-tiempo del proceso existencial, ni siquiera Dios, para determinar por medición directa los parámetros particulares de esos entornos cuyos efectos físicos tampoco los experimentamos en tiempo real. Si esto fuera posible, se perdería totalmente la capacidad de disfrutar el proceso existencial inherente al poder de creación de experiencia de vida que reside, precisamente, en el componente de incertidumbre del proceso existencial [Ref.(C).1].

La FUNCIÓN EXISTENCIAL CONSCIENTE DE SÍ MISMA es una parte del proceso existencial; es un subespectro de él que tiene lugar en un entorno específico de la Unidad Existencial, y jamás fuera de ese entorno. No obstante, sí podemos llegar a esos entornos espacio-tiempo remotos con la mente, aunque nunca en tiempo real.

La característica primordial del proceso existencial que luego se describe como armonía se confirma en la constante matemática e, en la base de los logaritmos naturales, a cuya naturaleza energética podemos llegar. La constante e es la base de todas las relaciones causa y efecto del proceso existencial.

Dos dominios de distribuciones en el espacio de referen-

cia matemático, en la versión elemental de la Unidad Existencial, interactúan dando lugar a una unidad de circulación constante absolutamente.

Ahora bien.

Se deduce de lo antes dicho, que a pesar de contar con el *Principio Primordial*, la consolidación buscada por la ciencia como la Teoría Unificada sólo será alcanzable conceptualmente. Esto se debe, como fue notado, a que la expresión del *Principio Primordial* tiene términos en dimensiones espaciales y temporales a las que nunca podemos alcanzar físicamente ni en tiempo real.

Esto parecería la conclusión final en la búsqueda de la Teoría Unificada.

Pues no.

Hay algo más que nos ha sido dicho desde siempre, y a lo que frescaremos luego de haber revisado las bases del Modelo Cosmológico Unificado y algunos aspectos energéticos pertinentes al PROCESO EXISTENCIAL ETERNO que se describe en referencia al entorno de convergencia de la TRINIDAD PRIMORDIAL sobre el que tiene lugar el *Sistema Termodinámico Primordial*. (No vamos a perdernos qué se nos ha dicho pues repetiremos un párrafo que nos lo recordará y traerá a este punto).

Sin embargo, a pesar de que la Teoría Unificada no nos va a permitir predecir todos los fenómenos del proceso existencial, ahora podremos entender, además de la consolidación que tiene realmente lugar a nivel de la Unidad Existencial, del TODO, de la UNIDAD ABSOLUTA, por qué las leyes de nuestro universo son de validez local, y podremos ponernos en el camino de explorar racionalmente el proceso existencial en todas sus dimensiones y entender sus efectos en nuestra estructura humana.

II

Inicio de la exploración racional
por el reconocimiento del atributo fundamental
del proceso existencial consciente de sí mismo

Eternidad

Si reconocimos la eternidad trascendentalmente, a la que expresamos racionalmente en el *Principio de Conservación de la Energía,* principio que viene siendo confirmado exhaustivamente, entonces, para entender el evento del Big Bang al que tomamos como origen de nuestro universo, teníamos que "saltar" las barreras de espacio y tiempo para ir a la fuente del evento, no a la fuente de la energía disponible pues ya hemos reconocido que ella es eterna, que *"la energía no se crea ni se pierde, sólo se transforma",* sino al contenedor de la energía y su arreglo o inteligencia consciente de sí misma.

La presencia del contenedor de un colosal arreglo energético inteligente y consciente de sí mismo es lo que reconocemos inicial, primitiva, elementalmente como Dios, y luego como el Proceso Existencial Consciente de Sí Mismo.

No podemos resolver el proceso UNIVERSO si no alcanzamos la inteligencia que le dio origen y rige su desarrollo, a pesar de que el proceso UNIVERSO lleva impresa en sí mismo una versión de dicha inteligencia.

Veamos.

Dios, proceso existencial consciente de sí mismo, proceso ORIGEN del proceso UNIVERSO y del proceso SER HUMANO, no sólo es primordial, alcanzado por un "salto", por una por transcendencia mental, sino que también es confirmado exhaustivamente en la fenomenología energética en nuestro universo, en el principio que establece que, y destacamos por separado,

"Ningún proceso real en el hiperespacio de existencia puede dar lugar a algo más inteligente que la referencia que lo guía ni que el algoritmo por el que se rige para ejecutarlo, para llevarlo a cabo" [a].

La inteligencia previa al Big Bang y la energía disponible en el contenedor eterno, en la Unidad Existencial, eran parte de un espacio existente sobre el que se expandió (algo que ya sabemos, pues *"nada puede transferirse a la nada ni nada puede provenir de la nada"*) y sobre el que quizás continúa expandiéndose[b].

Frente a estos dos principios advertimos que no es por ningún proceso matemático, por ningún proceso racional que se desarrolle en un espacio de referencia (que no es nada más que una versión elemental del espacio real), que vamos a alcanzar el origen mecánico del evento ni la inteligencia detrás de él que produjeron la disponibilidad de energía en un instante particular al que señalamos como "disparo" del Big Bang, como inicio del evento al que hemos tomado como el origen mecánico del universo, de nuestro universo.

¿Cómo sustentamos la afirmación previa?

Observando la fenomenología de nuestro universo, que es un proceso temporal, como componente de un proceso eterno intemporal que le da lugar y lo rige, no vamos a obtener más que leyes locales que evolucionan con una aceleración a la que no podemos identificar porque es la que tiene la modulación del manto energético primordial que conforma la "capa de cebolla", la onda o el rizado (ripple) "portador" en el que está montado nuestro universo.

Tenemos la confirmación de que nuestro universo es un componente temporal de un proceso eterno.

Ya tenemos la expresión racional, matemática, por la que se

---

describe matemáticamente, en un espacio de referencia, la distribución espacio-tiempo de las componentes temporales de un proceso eterno. Esta expresión es la base de las relaciones causa y efecto de la fenomenología energética que hemos "desarrollado", o mejor dicho, reconocido y descripto.

Veremos que el Principio Primordial que rige el proceso existencial permite un infinito número de posibilidades para llevar a cabo cada recreación del proceso existencial, a partir de una componente inmutable; y que del arreglo particular en una recreación dada sólo podemos establecer leyes que son válidas en el subsistema resonante en el que nos encontramos explorando, con parámetros particulares que son versiones de los absolutos, primordiales.

Por otra parte, hemos dejado de tener en cuenta el patrón universal por el que se rige el proceso UNIVERSO y su fenomenología energética. Este patrón es la *función general o función universal* de distribución energética; es la *función exponencial de base natural*.

Todo, absolutamente todo evoluciona, cambia o interactúa bajo una función exponencial que desarrolla una modulación espacio-tiempo sobre un espacio de base a partir de un "punto", de un entorno de rotación. Esa modulación puede quedar confinada en un entorno hasta alcanzar una densidad de rotación infinita (es finita realmente pero inmensurablemente alta); o puede desarrollar una modulación espiral logarítmica hasta alcanzar un hiperanillo cerrado, un hiperanillo energético perfecto (que en nuestro espacio de referencia se ve como una circunsferencia), hiperanillo en el que un tramo de él en un espacio finito pero inmensurablemente grande se percibe como una recta que sólo es posible realizar o modelar en nuestro espacio de referencia. No hay tal cosa como una trayectoria recta en el hiperespacio, en el espacio energético, en el espacio multidimensional de naturaleza binaria que siendo absoluta, eternamentemente cerrado, conforme al *Principio de Conservación de Energía*, sólo puede ser una configuración natural a la que ya podemos intuír y luego confirmaremos. **Una función exponencial no corresponde a un proceso e-terno sino a una componente temporal del mismo.** La función exponencial tiene su función inversa que corresponde a un proceso recíproco al de nuestro universo. Esta función inversa es la que puso un entorno de energía disponible para expanderse en el instante del "disparo" del evento Big Bang. La función logarítmica no sólo da lugar a una espiral logarítmica sino también a un proceso de carga en un "punto", en un entorno. Todo depende de los parámetros de la función logarítmica; de los parámetros del manto de fluído primordial, parte de la inteligencia primordial, cuya presencia define el espacio absoluto, primordial, sobre el que tiene lugar la expansión del entorno disponible, expansión que tuvo lugar al alcanzarse una condición a nuestro alcance hoy, desde la Tierra. En nuestro dominio material experimentamos ambas componentes inseparables, proceso UNIVERSO y proceso NO-UNIVERSO, a las componentes que hoy comienzan a reconocerse primitivamente como dominios de energía y energía "oscura", y materia y materia "oscura"; las estructuras de control de desarrollo de inteligencia[Ref.(A).3] nos permite visualizar que ni ella ni el proceso de su conscientización podrían tener lugar si no fuera por la oscilación de un proceso entre dos estados límites opuestos frente a un estado medio de referencia[Ref.(A).1, sección XXVII]. Esa oscilación se produce en el *Sistema Termodinámico Primordial* para la ciencia, o en la TRINIDAD PRIMORDIAL para la teología.

La Unidad Existencial es un sistema inherentemente resonante; es la consecuencia inevitable, inescapable, única posible, de un volumen de "algo" de naturaleza binaria al que luego introducimos como sustancia primordial. Una vez más, la naturaleza binaria de la existencia está implícita en el modelo matemático espacio-tiempo del universo, y la presencia de la sustancia primordial y su distribución se reconoce por sus efectos en sus asociaciones como *campos de fuerzas.*

Por otra parte, creer en Dios, aunque sea como un Creador de Todo Lo Que Es, Todo Lo Que Existe, fuente de todo lo que experimentamos, es la respuesta de nuestra identidad cultural a la estimulación desde la misma Inteligencia Eterna[Ref.(A).4] que orienta a la recreación de sí misma en otra dimensión de la Consciencia Universal.

De manera que creamos en Dios como el Creador de Todo o en una Inteligencia Eterna previa al Big Bang, ambas Fuentes se confirman en los principios que rigen el proceso UNIVERSO que experimentamos, del que provenimos y del que nuestro arreglo biológico es resultado directo o es sustentado para que tengan lugar las experiencias de las individualizaciones del proceso SER HUMANO por las que desarrolla su consciencia del proceso existencial.

Eternidad es el atributo fundamental del proceso existencial, creamos o no en nuestra propia eternidad.

Dicho sea de paso, una vez que se reconoce la expresión por la que se describe la eternidad, expresión que ya tenemos y que es la base de todas las relaciones causa y efecto que hemos desarrollado, o mejor dicho, que hemos reconocido en este entorno del proceso existencial, ningún científico puede negar la eternidad del proceso SER HUMANO que se compone de un número finito pero inmensurable de componentes que son partes de una absolutamente interminable secuencia de períodos. Es eternamente abierta la secuencia existencial; es cerrado eternamente el espacio que contiene la estructura, el arreglo que sustenta el proceso. Este reconocimiento se corresponde con la relación entre los dos componentes espacio-tiempo de la variable binaria absoluta a la que vamos a reconocer más adelante.

Luego, frente al resumen anterior,

la verdad absoluta es la presencia de una fuente eterna de la que todo se genera y recrea.

La Verdad, el atributo de Realidad Absoluta del proceso existencial consciente de sí mismo, Dios, es eternidad.

« La Verdad no puede ser negada ».

Ahora bien.

El proceso existencial consciente de sí mismo es un proceso eterno que se re-energiza y sustenta sobre una presencia eterna, pues ya sabemos, primordialmente, que *"nada puede ser creado de la nada".*

Tenemos que dar otro "salto" y reconocer primordialmente, y describir por inferencia sus propiedades, a la sustancia primordial de la que todo se genera y recrea cuyas distribuciones y efectos se modelan como *campos de fuerzas primordiales*; y la energía es una capacidad, una propiedad inherente a la sustancia primordial y sus asociaciones, no es la "materia prima" absoluta.

A nada podemos llegar sin reconocer adecuadamente a la sustancia primordial y sus reacciones en los entornos límites del espacio que su presencia establece y define.

Contamos con una introducción a la sustancia primordial[Ref.(A).1] de la que luego vamos a destacar algunos aspectos en las bases, pero antes vamos a revisitar el atributo de eternidad de la Unidad Existencial de manera que nos conducirá, posteriormente, a la expresión racional que describe a un proceso eterno, expresión por la que se alcanza y hace realidad una Teoría Unificada.

(a)

De la misma manera, por el mismo principio, la componente del proceso existencial que es consciente de sí mismo, la FUNCIÓN EXISTENCIAL CONSCIENTE DE SÍ MISMA, Dios o la Consciencia Universal, tiene su versión análoga en el proceso SER HUMANO, en nuestra dimensión de la misma. Los individuos del proceso SER HUMANO, los seres humanos, somos subespectros de la Consciencia Universal [Ref.(A).4].

(b)

Es expansión si se interpreta correctamente la observación en tiempo no real del corrimiento espectral de la luz de las galaxias que conduce a la ciencia a esta conclusión de expansión de todo nuestro universo.

III

Eternidad

(Revisitación)

Si ya hemos reconocido y expresado de alguna manera la eternidad de la existencia inteligente consciente de sí misma de la que proviene el universo, entonces más que buscar una Teoría Unificada del universo debemos buscar una expresión que describa a la Unidad Existencial, a la Unidad Eterna.

La incompatibilidad actual entre el *Principio de Conservación de la Energía* y la *Segunda Ley de la Termodinámica* debe dejarse de lado momentáneamente pues ella, la ley, debe subordinarse naturalmente al principio absoluto, al *Principio de Conservación de la Energía.*

El principio absoluto es intemporal; es una manera de expresar a la eternidad, al atributo de la energía contenida en una fuente, la que sea. En cambio, la ley depende de parámetros de observación; depende del entorno que se observa del proceso existencial o del proceso UNIVERSO que se alcanza desde la Tierra, y depende del tiempo; y a su vez, nuestro tiempo, como veremos, depende de la aceleración del manto energético sobre el que definimos nuestras referencias.

Había una presencia de energía disponible antes del proceso UNIVERSO. Esto no admite absolutamente ninguna especulación acerca de la relación, la que sea, absolutamente inseparable entre el "antes del Big Bang" y el proceso UNIVERSO todavía en desarrollo.

Luego, si la ciencia busca una Teoría Unificada, un marco de referencia racional que permita explicar el proceso UNIVERSO y predecir su fenomenología en cualquier entorno del mismo y en cualquier instante del proceso, esta teoría no puede ser alcanzada sino como parte del modelo racional que describa el proceso existencial todo, absoluto, eterno, del que el proceso UNIVERSO es un componente temporal.

Que el origen del proceso UNIVERSO es la eternidad no hay dudas. Negarlo es, científicamente, negar el *Principio de Conservación de la Energía.*

Que el proceso UNIVERSO es temporal, lo estamos experimentando; luego, no hay dudas, aunque no entendamos. No hay dudas pues todas las relaciones de causa y efecto son funciones del tiempo.

Vemos que teniendo leyes universales, las leyes de nuestro universo, todas las que sean que reconozcamos y describamos en nuestro espacio de referencia, nunca serán suficientes para entender el proceso existencial a través de ellas. Es obvio. Las leyes temporales son parte del principio eterno.

Tenemos que dar un "salto" a otra dimensión de consciencia, de realidad existencial, e imaginar, o inferir, la configuración de la Unidad Existencial de la que nuestro universo sea componente temporal; y luego, si esa configuración es la correcta, o una versión válida, confirmarla a través de la fenomenología energética temporal en nuestro universo.

Podemos alcanzar la configuración global de la Unidad Existencial.

Tenemos cómo describir racionalmente a la Unidad Existencial.

Sin embargo, una Teoría de Todo o Teoría Unificada como es buscada por la ciencia, como un marco o estructura racional, matemática, que contenga en sí misma toda la información necesaria para describir cualquier y todo evento en el universo en cualquier instante de observación, y particularmente en los entornos de la Unidad Existencial de la que él es parte y que nunca alcanzamos en tiempo real desde la Tierra, no es posible; no. No obstante, la expresión racional por la que se describe su configuración conceptualmente ya la tenemos y nos sirve para entender globalmente el proceso existencial y por qué todo ocurre como ocurre, incluyendo las incertidumbres que debemos afrontar.

Tener la Teoría Unificada, o mejor, el Modelo Cosmológico Unificado Científico-Teológico, nos permite entender absolutamente todo en el proceso existencial; pero entender es una cosa, y poder resolver y, o predecir lo que está dispuesto a nuestro alcance es otra, y esta limitación e incertidumbre es también parte del Modelo.

Vayamos ahora a la Unidad Existencial; al Universo Absoluto; a la Unidad Eterna; al contenedor de la energía eterna reconocida y expresada por el *Principio de Conservación de la Energía*; a la fuente del proceso UNIVERSO.

Como adelantamos en la sección previa, y nos ocuparemos en la siguiente, el contenedor de energía es la presencia de un colosal volumen de sustancia primordial de la que todo se genera y se recrea que tiene la propiedad que hemos llamado energía, la capacidad inherente de generar intercambios de movimientos, siendo el movimiento primordial la rotación.

La presencia de sustancia primordial tiene un volumen determinado, una cantidad inmensurable pero absolutamente constante. Ya lo hemos reconocido en el *Principio de Conservación de Energía.*

La presencia de la sustancia primordial define el volumen de la Unidad Existencial.

El volumen de la Unidad Existencial, sea volumen de sustancia primordial o de energía inherente a la sustancia de naturaleza binaria, es la UNIDAD ETERNA.

La UNIDAD ETERNA es independiente del tiempo, por lo tanto, su descripción tiene que ser por una expresión racional que no dependa del tiempo.

La ciencia ya tiene esta herramienta racional. La herramienta racional para describir una unidad constante de naturaleza binaria, la que sea, es una serie matemática función del espacio y el tiempo, aunque usualmente el espacio puede ser representado por otra variable, tal como energía disponible, energía intercambiada, masa y circulación, entre otras, relativas al volumen de referencia en nuestro espacio matemático de referencia de naturaleza unaria.

Debemos enfatizar en que el volumen constante de la energía contenida por la presencia de la sustancia primordial de naturaleza binaria, se describe por los dos componentes de la unidad binaria absoluta, primordial: el volumen o el espacio ocupado y la cantidad de rotación contenida por ese volumen.

Espacio (volumen) y frecuencia son las variables componentes de la variable absoluta de rotación, de la variable de naturaleza binaria de la *unidad absoluta de rotación o unidad de carga primordial.*

La unidad primordial de energía es la cantidad de energía contenida inherentemente por la *unidad de carga absoluta.* La cantidad de energía es dada por la cantidad de rotación contenido por la *unidad de carga absoluta,* o por sus asociaciones, las partículas primordiales o las asociaciones de éstas, la materia. Luego veremos que la primera generación de asociaciones de la sustancia primordial es la *partícula primordial, la unidad de carga primordial* de la que las cargas eléctricas y térmicas son sus versiones en otros subespectros de asociaciones, en otras dimensiones de asociaciones de las partículas primordiales.

Ya vamos a revisar esta unidad de carga primordial en la sección siguiente. Lo que nos interesa destacar ahora es que la Unidad Existencial como UNIDAD DE ENERGÍA ABSOLUTA, el UNO ABSOLUTO BINARIO, se describe por una serie matemática binaria espacio-tiempo.

También podemos considerar, luego lo veremos, que la función constante, eterna a describir es la UNIDAD DE CIRCULA-

CIÓN definida por la distribución del volumen de sustancia primordial y sus asociaciones.

Una función eterna se compone, naturalmente, de componentes temporales. No necesitamos probarlo. El universo es un proceso temporal y es parte de la Unidad Existencial eterna.

Una función repetitiva en forma de onda cuadrada se describe por una Serie de Fourier; por una serie de infinitas componentes senoidales. Toda función temporal, cualquiera sea la forma espacial, puede describirse por una colección de componentes senoidales y cosenoidales debido a su naturaleza como asociación de unidades binarias de cargas primordiales, unidades de rotación.

(Introduciremos algo sobre Series para todos, luego).

Luego, una función absolutamente constante eternamente es descripta por dos Series de Fourier absolutamente iguales pero desfasadas (T_A y T_B) de manera que ambas definen un período T de una sucesión de ellos que es absolutamente infinita, de una sucesión sin principio y sin fin de redistribuciones e interacciones energéticas, de intercambios, cuya suma resulta en todo instante constante (UNO, normalizado).

Figura (III).1.
Unidad Matemática definida por dos series de pulsos cuadrados desfasados adecuadamente de subperíodos iguales T_A y T_B.

—

19

(Continúa descripción de la Figura).

En el tiempo vemos el UNO (energía u otra variable) como una hebra de pulsos cuadrados en alguna parte dentro de la Unidad Existencial; es una sucesión de cambios en las distribuciones que desde fuera de la Unidad no puede verse sino con respecto a una componente inmutable interna.

¡ATENCIÓN!

Esta componente inmutable interna es la que luego reconoceremos como componente continua del *entorno de convergencia*.

La componente continua inmutable es un valor medio igual a ½ con respecto a la UNIDAD ETERNA, pero para el observador es cero (cero relativo a ½), pues es el valor absoluto sobre el que, y con respecto al cuál se producen variaciones positivas y negativas.

Regresaremos a esta descripción al alcance de todos cuando tratemos el *Principio Primordial de Armonía*, pero enfaticemos lo siguiente que se desprende de las Series de Fourier. Justificamos el énfasis, aunque repetitivo, pues, por una parte, si las Series de Fourier se cumplen en nuestro dominio energético es porque se derivan del dominio primordial gracias a las propiedades topológicas del manto de fluído primordial, de sustancia primordial de naturaleza binaria (el dominio energético en el que nos encontramos es una modulación del manto de fluído primordial); y por otra parte, la Teoría Unificada se basa precisamente en la expresión que describe a la UNIDAD ETERNA, en las Series de Fourier de naturaleza binaria, y la consolidación de toda la información de la fenomenología energética que disponemos en nuestro entorno debe confirmarse coherentemente como parte de la expresión que describe a la UNIDAD ETERNA.

- **La UNIDAD ETERNA se compone de infinitas componentes espacio-tiempo;**

20

- Estas infinitas componentes resultan de la configuración natural que toma la distribución primordial y sus redistribuciones temporales de sustancia primordial dentro del volumen que define la UNIDAD ETERNA;

- La configuración natural se describe en un espacio de referencia y esta descripción es el *Algoritmo Primordial de Redistribución*;

- El algoritmo que sigue la redistribución de la UNIDAD E-TERNA es una suma de algoritmos temporales; es el algoritmo que rige, o al que obedecen, sus componentes temporales;

- Matemáticas es una versión derivada del proceso existencial consciente de sí mismo, es decir, del proceso racional de Dios, en un espacio de referencia;

- Sólo la UNIDAD ETERNA es inmutable; luego, cada entorno de ella se rige por una ley temporal, y esa ley es la de la "portadora", de la modulación del manto energético primordial definida por la presencia de la nuclearización (galaxia, sistema estelar) cuyo entorno se observa y explora; las primeras componentes de la Serie que describe la UNIDAD ETERNA corresponden a las galaxias, las nuclearizaciones que determinan las leyes locales como versiones de la que describen a la UNIDAD ETERNA (obviamente son sus subespectros);

- En cualquier momento que se explore el proceso existencial, la suma de todas las componentes temporales es un valor constante medio, pero su distribución espacial cambia de un instante a otro, lo que nos confirma lo que ya adelantamos:
lo que observamos en nuestro universo, o mejor dicho,

---

desde nuestro entorno del universo, del ambiente energético de la Unidad Existencial que alcanzamos desde la Tierra, está conformado por diferentes componentes espacio-tiempo a las de nuestro entorno energético;

- En nuestro universo, todo, absolutamente todo evoluciona según una ley exponencial. Luego, nuestro universo es un entorno de una Unidad que en alguna parte tiene una componente exponencial en contracción, no en expansión como nuestro universo, pues la eternidad es inmutable.
La Segunda Ley de la Termodinámica es entonces válida sólo para nuestro universo.
Que nuestro universo no es el sistema termodinámico primordial absolutamente cerrado nos lo dice nuestra *Ley Exponencial General* decadente, por una parte; y nos lo dice también el hecho de que había una energía disponible desde la que se inició nuestro universo, cuya expansión tiene lugar sobre un espacio en otra dimensión energética presente y disponible previamente al Big Bang pues sabemos que nada puede transferirse sobre la nada absoluta;

- La consciencia de espacio y tiempo depende de la aceleración a la que tiene lugar la redistribución de rotación y sus asociaciones en el manto energético sobre el que se encuentra la estructura de consciencia que observa.

IV

Bases del
Modelo Cosmológico Unificado

NOTAS.

Como fuera anunciado al principio del libro, en relación a la Teoría Unificada no vamos a presentar nada que no haya sido confirmado por la ciencia; y en relación al Modelo Cosmológico Unificado, la consolidación se alcanza a través de la mente, se confirma en las manifestaciones temporales de nuestro universo y entorno inmediato, y se experimenta individual, íntimamente.

La numeración de los aspectos que siguen y su contenido es una versión expandida de la dada en la Sección Bases del Modelo Cosmológico Unificado Científico-Teológico del libro *Origen de Dios, el Universo y el Ser Humano*[Ref.(A).8].

Sólo destacamos los aspectos más importantes de las bases.

Posteriormente, y como es notado en cada caso, se dedican secciones a algunos aspectos sobresalientes en esta introducción para los jóvenes que se desarrollan en la disciplina racional de ciencias. Las ilustraciones a las que se refieren algunos aspectos de las bases se encuentran en el Atlas, al final del libro.

El formato de esta presentación numerada y el Atlas nos permiten trabajar sobre esta secuencia para referir y, o insertar revisiones y expansiones futuras de este material.

Sobre este formato se desarrollará el proyecto del libro *Recreación del Universo, Modelo Mecánico Racional del proceso de re-energización de la Unidad Existencial y de transferencia de la información de vida*, referencia B.(I).2.

Bases.

1. El origen absoluto de Todo Lo Que Es, Todo Lo Que Existe, del proceso existencial consciente de sí mismo del que proviene todo lo que experimentamos, es la presencia eterna de un volumen de sustancia primordial de la que todo se genera y recrea.
En la Figura A1 tenemos un manto o colosal "océano" de sustancia primordial de volumen inmensurable, y aunque es inalcanzable físicamente, sin embargo, es absolutamente finito y alcanzable y explorable mentalmente;

2. Fuera de la presencia de la sustancia primordial nada existe, nada hay, nada se define;

3. La presencia de la sustancia primordial se reconoce,
   A. Por razonamiento transcendental,
   "Nada puede ser creado de la nada";
   B. Por estimulación desde la Fuente; desde el proceso existencial consciente de sí mismo, Dios o la Consciencia Universal,
   « Tú y Yo estamos hechos del mismo polvo de estrellas (sustancia primordial) ».
   Esta estimulación a través de la estructura de inteligencia inmanente del manto de fluído primordial[Ref.(A).4] es la que dio lugar a las versiones ancianas de éter y del espíritu de vida como "brisa" (vibración, pulsación primordial);
   C. Implícitamente, como el *fluído primordial* cuya dimensión de asociaciones de sus elementos constituyentes en este nivel, en nuestro universo, es el manto energético modelado matemáticamente en nuestro espacio de referencia como la red espacio-tiempo;
   D. Por inferencia a partir de las propiedades topológicas del manto energético universal;
   E. Por los gradientes de sus distribuciones que generan las

---

24

entidades que ahora se modelan como *campos de fuerzas primordiales y universales*;

F. Por los efectos de sus propiedades transferidas a sus asociaciones desde las partículas primordiales, y pasando por los átomos y moléculas, hasta las estructuras materiales en las dimensiones de galaxias, constelaciones y sistemas estelares;

4. Reconocimiento de la naturaleza binaria de la sustancia primordial: volumen real de sus elementos, aunque infinitesimal, y cantidad de rotación inherente a ese volumen, *"Existencia es sustancia y movimiento (inseparables)"*.
Este reconocimiento se corresponde con la relación entre los dos componentes espacio-tiempo de la variable binaria absoluta a la que vamos a reconocer más adelante. Por otra parte, la naturaleza binaria del universo está implícita en el modelo matemático espacio-tiempo del Modelo Cosmológico Standard;

5. Por ahora los elementos absolutos de sustancia primordial son "simples" esferillas infinitesimales rayanas en la nulidad de espacio ocupado, pero con una cantidad infinita (por inmensurable) de rotación;
Visualizar la interacción entre las esferillas en permanente contacto, rotando a frecuencias fantásticas, requiere de un gran esfuerzo mental pues ellas se "asocian" reubicando sus ejes de rotación conformando partículas primordiales de generaciones sucesivas que van quedando inmersas en un manto de otra dimensión menor de asociaciones.
La manera más práctica (aunque no totalmente cierta) de considerar inicialmente las estructuras resultantes de las diferentes generaciones de asociación de elementos o esferillas de sustancia primordial es la de tomar asociaciones sucesivas de doce esferillas alrededor de una central conformando una partícula de 13 esferillas; las sucesivas asociaciones tienen un "peso" o cantidad

de asociación 13^n. Muchas generaciones de asociaciones transcurren antes de llegar a las de nuestro dominio material.

Tenemos que adelantar que hay diferentes asociaciones en $Z_{LÍM}$, en Zn, y en $Z\Phi$ (visitar Figuras A5 a A8 cuyos mantos se inician desde una distribución de rotaciones como la mostrada en la Figura A2); y una compleja combinación de ellas en $Z\Phi$ (circulación k, Figura A1), y otras fuera y dentro de $Z\Phi$ (D_2 y D_1, dominios de asociaciones con diferentes rapideces o constantes de tiempo de redistribuciones por unidad de espacio de referencia);

6. "Visualización" conceptual de la nada absoluta fuera de la sustancia primordial.

Visualizar la nada, la no-existencia fuera de la presencia de sustancia primordial, el vacío absoluto, como una entidad de fricción absoluta, infinita. Ver Figura A4, Hueco en la "nada".

Nuestro "vacío" tiene una transferibilidad infinita (es finita pero muy elevada, inmensurable) por ser conformado por una distribución de sustancia primordial con gradientes de rotación y pulsación netas casi nulas en cualquier dirección espacial en entornos reducidos; y por su infinita capacidad de redistribuirse en cualquier dirección espacial a rapidez infinita sobre esos entornos reducidos ante las estimulaciones que se presenten o transfieran a esos entornos. **Los entornos se redistribuyen por niveles de densidad de asociación a diferentes rapideces.**

No hay absolutamente ningún "punto", ningún elemento absoluto de sustancia primordial aislado dentro del inmensurablemente grande manto u "océano" de sustancia primordial, lo que da lugar a las propiedades topológicas (*continuidad, conectividad y convergencia)* del espacio definido por su presencia.

Revisitamos y enfatizamos el párrafo siguiente, particularmente para quienes se inician en la exploración científica del proceso existencial consciente de sí mismo. Debemos visualizar claramente a la Unidad Existencial, en la que el proceso existencial tiene lugar y se sustenta, como una entidad finita a la que podemos observarla desde "fuera" de ella.

Notar que las propiedades de un espacio topológico, las propiedades de *convergencia, conectividad* y *continuidad*, y ahora particularmente la de *convergencia*, son inherentes a un espacio cerrado, no importa que tan inmenso sea el espacio; cierre confirmado en el *Principio de Conservación de la Energía* y experimentado en la fenomenología energética en nuestro universo, en todas nuestras leyes que se basan en este principio energético absoluto, por una parte, y en el atributo de la presencia de la sustancia primordial, *eternidad*, que rige el proceso racional de establecimiento de causa y efecto en los fenómenos temporales, en el atributo que se expresa como *"Nada puede ser creado de la nada",* por otra parte.

Si hay una convergencia hacia un entorno, el que sea, hay gradientes naturales que definen esa convergencia.

Esto es importante para estimular a visualizar, luego, el origen real del gradiente de convergencia que no es otro que el *campo de gravitación primordial*, no el de nuestro universo, aunque el de nuestro universo es una modulación sobre el primordial.

Podemos visualizar la presencia de la sustancia primordial como un "hueco" en el vacío absoluto, tal como lo ilustramos en la Figura A4 en conexión con el siguiente punto;

7. Visualización de la única configuración espacial, geométrica, que puede tomar un volumen de sustancia de naturaleza binaria frente al vacío absoluto, a la nada, a la no existencia fuera del único volumen existencial.

La única configuración espacial posible natural, la Unidad Existencial, es esférica, cerrada absoluta, eternamente.

Desde todas las direcciones espaciales fuera del colosal manto u "océano" de sustancia primordial la fricción es absolutamente infinita y por lo tanto igual, lo que obliga a una redistribución espacial esférica del volumen de sustancia primordial que tiene una rotación inherente a su naturaleza binaria de espacio, o volumen.

—

La presencia de la sustancia primordial puede comportarse libremente dentro de su propio volumen pues las fricciones infinitas hacia él desde todas las direcciones espaciales fuera de él se cancelan en el centro, en el núcleo, donde la rotación que se alcanza allí es fantástica, fuera de nuestra concepción racional, absolutamente inalcanzable e inmensurable desde nuestro entorno, excepto por sus efectos; no obstante, la sustancia primordial no puede dejar la periferia del volumen que su presencia ocupa y define,

"Nada puede transferirse en la nada".
¡ATENCIÓN!

Más adelante veremos la generación de la pulsación existencial en los entornos límites $Z_{LÍM}$ y Z_n de la Unidad Existencial por la que se excita eternamente la redistribución espacio-tiempo de sustancia primordial y sus asociaciones. La primera distribución tiene lugar por la rotación inherente a los elementos de sustancia primordial y su reacción frente a la nada fuera de ella en $Z_{LÍM}$;

8. El cierre absoluto, eterno, de la Unidad Existencial se ha reconocido y se expresa racional y formalmente mediante el *Principio de Conservación de la Energía:*
"La energía no se crea ni se pierde; sólo se transforma",
luego, el contenedor de la energía eterna es cerrado absoluta, eternamente; el contenedor es al que llamamos Unidad Existencial. Este contenedor existía antes del Big Bang; es obvio e innegable pues de una energía disponible partió el evento Big Bang.

El reconocimiento de la inteligencia previa al Big Bang se confirma exhaustivamente en el principio de que,

"Ningún proceso real en el hiperespacio de existencia puede dar lugar a algo más inteligente que la referencia que lo guía ni que el algoritmo por el que se rige para ejecutarlo, para llevarlo a cabo",

y regresaremos a esto en conexión con el reconocimiento del

Principio Primordial de Armonía, más adelante;

9. La configuración esférica se confirma en que todas, absolutamente todas las estructuras energéticas reales, cualesquieras
que sean sus formas geométricas y sus dimensiones espaciales y temporales, se describen por series de infinitas componentes senoidales que solo pueden originarse en una entidad
primordial esférica. Lo veremos mejor en la expresión que da
lugar o por la que se expresa el *Principio Primordial de Armonía*.

Una roca es amorfa, pero se conforma por un gran número de
átomos que son unidades de circulación que en el límite de sus
componentes primordiales son rotaciones esféricas perfectas. El
cierre de la roca como una asociación de unidades de rotación y
circulaciones, aunque sea un cierre temporal, ocurre total, absolutamente análogo al cierre de la Unidad Existencial. Esto es gracias a las propiedades topológicas de la Unidad Existencial por
las que la función de cierre de toda asociación de sustancia primordial conserva su forma general en todas las dimensiones e-
nergéticas para todas las estructuras isomórficas.

Podríamos decir que la condición de cierre energético de los
sistemas resonantes electromagnéticos es derivada de la condición de cierre de la Unidad Existencial; no obstante, lo correcto es
reconocer que nuestras condiciones de cierres locales temporales
es una versión de las relaciones entre los dominios energéticos
de la Unidad Existencial cerrada eternamente cuya convergencia
e interacciones definen una estructura de redistribución, de circulación (nuestro dominio material que ya veremos) en un espacio
que es inherentemente cerrado.

La misma función se transfiere a todas las versiones cerradas
temporales en todas las dimensiones energéticas, y las versiones
varían sólo en los parámetros bajo los que se conservan cerradas
las versiones temporales. Esos parámetros son también funciones temporales en otras constantes de tiempo de redistribución;

10.   La distribución espacial de la sustancia primordial y sus a-
sociaciones tiene un gradiente natural desde la periferia hacia
el núcleo Zn, y de allí la redistribución tiene lugar hacia la periferia $Z_{LÍM}$ con otro gradiente.

[Hay una distribución absolutamente primordial de elementos
de sustancia primordial sin asociaciones entre ellas, con las cantidades de rotación que podrían tomar en cada punto de la Unidad
Existencial, entre un máximo y un mínimo, a lo largo de líneas de
distribución radial, de hebras energéticas entre $Z_{LÍM}$ y Zn; esa configuración de hebras primordiales es la del *manto de fluído primordial* (al que llamamos manto sin asociaciones) sobre el que tienen
lugar las modulaciones introducidas por las asociaciones y sus re-
distribuciones].

La "intersección" e interacciones entre ambas distribuciones,
desde $Z_{LÍM}$ y Zn, generan un entorno de convergencia $Z\Phi$ sobre el
que se define el subdominio al que luego reconocemos como dominio material en el que se establece una estructura de circulación k a la que pertenecen las dos estructuras que conforman la
Unidad Binaria [Alfa-Omega], Figura A14.

En la parte AT IV del Atlas presentamos una "construcción" del
universo detallando la generación de estas distribuciones.

Revisitar en las Figuras A5 a A8 la intersección de las distribuciones desde $Z_{LÍM}$ y Zn en un entorno de convergencia $Z\Phi$, dando
lugar allí al arreglo de circulación k cuya componente principal se
ubica en el hiperanillo ecuatorial hΦ de $Z\Phi$, como veremos más a-
delante.

El gradiente de la distribución desde la periferia $Z_{LÍM}$ hacia el
centro Zn es el *campo gravitacional primordial*, absoluto, sobre el
que se modulan todas las redistribuciones que luego se generan
en el núcleo Zn y por la intersección e interacciones en el entorno
de convergencia $Z\Phi$.

Una analogía en el subespectro electromagnético da lugar a
los trenes de ondas que se presentan en las Figuras A18 y A19.

Detalles pueden revisarse en la referencia (A).1.

El gradiente del manto de fluído primordial, es decir, del manto de sustancia primordial sin asociaciones es definido por la distribución de rotaciones de los elementos absolutos de sustancia primordial. Todos los elementos absolutos tienen el mismo volumen espacial; definen el elemento absoluto de espacio existencial cuya versión tenemos como *espacio matemático unario*, nuestro espacio elemental desde el que comenzamos la modelación del proceso existencial, o del proceso UNIVERSO.

Sobre el núcleo Zn se generan las primeras cargas máximas al nivel máximo posible de rotación de las partículas primordiales, y éstas son desplazadas hacia el entorno de convergencia por un mecanismo de "resbalamiento".

El mecanismo de "resbalamiento" se genera al alcanzar cada partícula en Zn el máximo de rotación posible para el volumen de sustancia primordial que se redistribuye desde $Z_{LÍM}$.

El núcleo Zn es un centro de extraordinaria densidad de rotación.

Cuando en Zn se alcanza la máxima rotación posible, la partícula alcanza su aceleración de rotación nula y eso la "saca" del flujo que sigue convergiendo incesantemente desde los polos de la Unidad Existencial. Esta expulsión es resultado de un "resbalamiento" entre la convergencia de rotaciones hacia Zn y la rotación límite de la partícula que se encuentra pasando por ese "punto", o mejor dicho, entorno infinitesimal.

Ver Figuras A13 a A15.

En la Figura A21 podemos visualizar un versión elemental de las espirales desde $Z_{LÍM}$ hacia Zn y la convergencia en hΦ con la espiral de redistribución desde Zn.

También podemos seguir la generación de las distribuciones logarítmicas (espirales) en la parte AT IV del Atlas. Visitar Figura D1.

La primera distribución logarítmica hacia Zn genera una asociación o una *carga exponencial* en el entorno Zn; genera la primera partícula primordial que luego se expele y es llevada hacia ZΦ por la modulación del manto.

Aunque la compleja distribución espacial no es fácil dibujarla, puede verse como una espiral espacial desde $Z_{LÍM}$ hacia Zn y otra desde Zn hacia la periferia. La intersección es un hiperanillo, hΦ, sobre el que se forma un entorno de interfase, una "atmósfera" de partículas cuya asociación constituye el dominio material a lo largo del hiperanillo, en una banda o "cinturón" preferencial sobre el que se van a disponer estructuras más complejas, galaxias y constelaciones, entornos de disipación energética del manto y otros de convergencia local.

Desde el hiperanillo de convergencia hΦ se forman asociaciones a lo largo de él, y se expanden sobre la hipersuperficie de convergencia ZΦ y las hipersuperficies Z's inmediatas formadas por las crestas de las ondulaciones (ripples) en el manto energético en el que todo va quedando inmerso;

11. De la distribución de sustancia primordial y sus asociaciones en el manto energético necesitamos reconocer la distribución de la *relación entre unidades de rotación y de circulación,* a la que llamamos *relación [Ξ/e*]* por la que se define la temperatura del manto energético[Ref.(A).1].

En nuestro dominio energético material (Ξ) representa la componente de unidades de circulación y (e*) es la componente de unidades de rotación (mayormente dada por electrones libres).
Visitar Figura A6.
(Ver más adelante TEMPERATURA ABSOLUTA);

12. **Una Unidad Existencial establecida por la presencia de un manto de <u>fluído primordial binario,</u> con una cantidad de movimiento inherente que es la suma de todas las rotaciones de sus elementos, se redistribuye o se conforma, inevitable e inescapablemente, como *Unidad de Circulación***

Primordial que tiene un entorno de circulación infinita en su periferia límite $Z_{LíM}$ (rotación neta nula sobre $Z_{LíM}$) y un entorno de circulación nula en Zn (rotación neta infinita en Zn, sobre el eje polar de $Z\Phi$), por lo que hay un entorno interno $Z\Phi$ con una circulación media UNO (1) y una rotación media UNO (1) en el hiperanillo $h\Phi$ preferencial ecuatorial de $Z\Phi$.

De esta configuración, ya sea reconocida primordialmente o inferida racionalmente, se derivan el Teorema de Stokes y la Ley de Ampere, sus confirmaciones preliminares.

Los elementos de sustancia primordial son unidades de un volumen límite absoluto de sustancia y una rotación inherente, por lo que estos elementos se definen como *unidades de carga primordial* de las que se derivan las cargas eléctricas en nuestro dominio energético.

La Unidad Existencial es un colosal capacitor de unidades de cargas binarias y sus asociaciones.

La analogía del *Capacitor Binario* nos permite visualizar las hebras energéticas que conforman la *Unidad de Circulación*.

NOTA.

En este momento se forma la estructura de la Unidad Existencial que podemos modelar como un *capacitor binario*, pero es luego, al tener en cuenta la pulsación primordial que se genera en la periferia límite del volumen de sustancia primordial, que podemos realmente visualizar el comportamiento de la analogía *capacitor binario* dentro de la Unidad Existencial, y visualizar los trenes de ondas bajo los que se conforma la configuración de redistribución de la pulsación primordial.

Ver Figuras A5, Capacitor Binario, y A18 y A19, Trenes de Ondas.

13.   **Revisitación de los conceptos de eternidad e infinidad.**

El volumen de sustancia primordial es finito aunque absoluta-

—

33

mente inalcanzable, excepto por razonamiento; es constante, eternamente.

La infinidad espacial, interminable absolutamente, no existe.

La infinidad del proceso existencial es eternidad, es la secuencia interminable de unidades de proceso, de períodos de re-energización y de recreación de las estructuras energéticas que sustentan las unidades de inteligencia del proceso de interacciones.

Un proceso eterno, una función como suma de dos funciones escalones o de pulsos cuadrados recíprocos, es realizable, sintetizada, por dos Series de Fourier que se repiten incesante, eternamente, lo que sólo puede ocurrir en un espacio cerrado que sustente un sistema binario de interacciones recíprocas. Luego veremos esto.

Ahora enfatizamos, para Teología.

La Inteligencia Existencial Consciente de Sí Misma, Dios, es eterna; y su eternidad se sustenta por semiperíodos de re-energización de los componentes de la estructura binaria [Alfa-Omega] que la conforman y que permiten, a su vez, la re-creación continua, incesante, de sus unidades de inteligencia y sus conscientizaciones (por trasferencia de un componente de vida a otro durante los semiperíodos de re-energización de las estructuras materiales que permiten y sustentan las manifestaciones de vida). Revisitar Figura A14.

No hay nada inmaterial (por insustancial).

Dios es la dimensión de Consciencia Universal hacia la que evolucionamos; o mejor dicho, Dios es la Consciencia de la TRINIDAD PRIMORDIAL: *Madre/Padre*, la dimensión que se recrea en la dimensión *Hijo* y cuyas interacciones tienen lugar frente a la referencia, *Espíritu de Vida*.

Consciencia Universal es un nivel de intermodulación del manto energético universal que se reconoce y entiende a sí misma.

Espíritu de Vida es la componente inmutable de ese arre-

glo de intermodulación.

La solución racional, matemática, por las Series de Fourier nos permiten entender la Consciencia Primordial y su estructura TRINIDAD PRIMORDIAL sobre la que tienen lugar las interacciones que la sustentan.

La TRINIDAD PRIMORDIAL es la estructura sobre la que tiene lugar el *Sistema Termodinámico Primordial* que permite la Teoría Unificada que busca la ciencia.

El proceso inteligente consciente de sí mismo es una sucesión eterna de recreaciones de unidades que parten de un nivel primordial y se desarrollan hasta un límite frente a un nivel de referencia inmutable. Nunca dejan de haber unidades de inteligencia en los dos extremos entre los que se lleva a cabo el proceso de re-energización de las estructuras energéticas que las sustentan.

La Unidad Existencial es la Unidad Resonante Primordial.

La consciencia de sí mismo del proceso existencial es por re-energización periódica de las estructuras energéticas de sustancia primordial, y sus asociaciones, que conforman las constelaciones de información y experiencias en diferentes constantes de tiempo que interactúan entre sí y se comparan frente a una referencia absolutamente inmutable, lo que sólo se logra en un espacio cerrado;

14.   Visualización de la re-energización de la FORMA DE VIDA PRIMORDIAL, de los componentes de la Unidad Binaria de interacciones de la estructura TRINIDAD PRIMORDIAL; de los componentes de interacciones de la Consciencia Universal, y del *Sistema Termodinámico Primordial* [Alfa-Omega] o *Unidad de Circulación* (punto 12). Origen de la Pulsación Primordial.

Visualizar la reacción de la sustancia primordial y sus asociaciones en los dos entornos límites Z_{LIM} y Zn del colosal volumen del manto de sustancia primordial y sus asociaciones; reacción

---

que genera las disociaciones y reasociaciones continuas, incesantes, de la sustancia primordial frente a la nada fuera de ella (por un proceso a nuestro alcance). Estas disociaciones y reasociaciones es el origen mecánico de la excitación de todo el volumen, excitación a la que llamamos *pulsación existencial primordial*.

La *pulsación primordial* se redistribuye desde ambos entornos límites, llega a un entorno de convergencia, ZΦ, se asocia y se redistribuye la asociación; y todas estas interacciones generan "olas" de redistribuciones de diferentes dimensiones de asociación y de períodos de redistribuciones;

15. **La redistribución radial de la pulsación primordial sobre la Unidad de Circulación origina la configuración del manto u océano de fluído primordial en "capas de cebolla" debido a la naturaleza binaria de la sustancia que conforma el fluído primordial, por una parte; y porque la redistribución va conformando naturalmente una configuración de dos dominios de pulsación con diferentes constantes de tiempo o rapideces de redistribución debido a la geometría esférica, por otra parte;**

16. La distribución de la *pulsación existencial* tiene lugar con diferentes gradientes espaciales y temporales debido a la única geometría espacial que puede tomar el volumen de sustancia primordial, que es un volumen de *unidades de cargas primordiales* portadoras de energía, de capacidad de tomar y transferir su movimiento primordial inherente (su rotación). **Energía no es materia prima; es una capacidad inherente a la sustancia primordial y sus asociaciones;**

17. La redistribución de la *pulsación existencial* ocurre sobre dos configuraciones diferentes (D_1, D_2) de distribución espacial de la sustancia primordial sin asociaciones (sobre las distribu-

ciones "bases" absolutas, a nivel absoluto, que dan lugar a las dos versiones fundamentales de la *Función Exponencial General*).

Esas dos configuraciones de redistribuciones de pulsación e-xistencial comienzan en cada entorno límite del volumen de sustancia primordial en los que se genera la *pulsación existencial*, en la superficie límite $Z_{LÍM}$ y en el núcleo Z_n de la Unidad Existencial. Las geometrías de esos entornos límites inducen las características particulares de cada configuración de redistribución a las que llamamos subdominios energéticos.

Hay una primera distribución desde $Z_{LÍM}$ hacia Z_n; es el *campo gravitacional primordial (D_2)*.

Hay primera redistribución desde Z_n hacia la periferia $Z_{LÍM}$ con otra densidad de asociación de sustancia primordial y pulsación; es el *campo de inducción primordial (D_1)*;

18.   La convergencia de estos dos campos, de las redistribuciones de los dos subdominios de pulsación del manto de sustancia primordial, del fluído primordial, y sus interacciones, generan la estructura TRINITARIA PRIMORDIAL de la Unidad Existencial, [D_1, D_2, k].

La convergencia ocurre alrededor de un entorno medio al que ya hemos llamado *hipersuperficie de convergencia energética* de la Unidad Existencial, $Z\Phi$, al reconocer la configuración de distribución de la sustancia primordial binaria como *Unidad de Circulación* (punto 12);

Destacamos que,

Los dos dominios de redistribuciones de la *pulsación existencial* se "intersectan", o convergen e interactúan, en un entorno de convergencia que define el <u>dominio material de la Unidad Existencial</u>;

—

19.   La configuración de redistribución de la sustancia primordial y sus asociaciones es la configuración espacio-tiempo que
genera las infinitas versiones de la *Función de Distribución Primordial (o Ley de Evolución del Proceso Existencial)* a la que
definimos matemáticamente como *Función Exponencial General*;

**Todo lo que existe, cualquiera sea su configuración espa-
cial donde se encuentre, es una asociación energética que se
formó y evoluciona siguiendo alguna versión de la función logarítmica natural, de la "espiral" natural;**

**Las funciones logarítmica y exponencial de base e son las
funciones inversas inherentes al sistema recíproco resonante
natural, la Unidad Binaria de interacciones de la Unidad Existencial;**

**Todas las versiones de la función espiral tienen lugar de
acuerdo a los parámetros de la función, desde una recta hasta una curva cerrada, la circunsferencia; el potencial de un
"punto", de un entorno, es la carga, cantidad de rotaciones
acumulada por convergencia de redistribuciones espaciales
que siguiendo una ley espiral (inversa de la exponencial) se
integran en un "punto", en una espiral límite, en un círculo de
radio infinitesimal. Visitar Figuras A21, C1 y D1.**

**(Ver más adelante la naturaleza energética de la constante
matemática e; luego hay una sección dedicada a esta constante);**

20.   Hay una relación que se establece por la convergencia de
todas las redistribuciones de los dos dominios de asociaciones
de sustancia primordial que tienen lugar sobre la distribución
de fluído primordial (sobre los *campos de gravitación e inducción primordiales*); convergencia que tiene lugar en el hiperanillo hΦ de ZΦ,

**es la *Relación Armónica Primordial* que se define racio-
nalmente como el *Principio de Armonía* que rige las composi-**

ciones, distribuciones e interacciones entre todos los componentes de la Unidad Existencial que convergen a hΦ, al *hiperanillo primordial*.

¡ATENCIÓN!
La Relación Armónica Primordial es inherente a la configuración natural de redistribuciones e interacciones entre todos los componentes de la Unidad Existencial;

21.   Principio de Armonía.
La Relación Armónica Primordial es la que da lugar, naturalmente, a las componentes temporales por las que se define y sustenta el proceso eterno.
Enfatizamos.
No tenemos que demostrar nada aquí.
Todo es evidente, confirmado por el proceso mismo, por sus componentes temporales que son parte de una presencia eterna reconocida en el *Principio de Conservación de Energía*. Sólo teníamos que reconocer la expresión racional que describe la Unidad Existencial por sus componentes temporales, la que en sí es la descripción de las características que tienen sus componentes, sus distribuciones e interacciones, característica a la que llamamos *Armonía*.

22.   **El proceso eterno es un proceso periódico indefinido, inacabable, una sucesión de subprocesos, que se describe racional, matemáticamente, por una *serie* binaria para un hiperespacio multidimensional de naturaleza binaria;**

23.   Las componentes temporales de la serie binaria (son dos series componentes de la serie binaria) conforman una serie cuyos elementos son parte de los ciclos de recreación de las unidades de inteligencia por cuyas interacciones se sustenta la Consciencia Universal. Los ciclos de recreación de las unida-

—

des de vida tienen lugar durante los semiciclos que siguen a los semiciclos de re-energización de los entornos que sustentan las formas de vida[Ref.(A).1].

Por su importancia como base de la Teoría Unificada, del *Sistema Termodinámico Primordial* y de la TRINIDAD PRIMORDIAL, enfaticemos estos aspectos de la *Relación Armónica Primordial*, del *Principio Primordial de Armonía* y su relación con la Serie de Fourier que describe una función eterna sustentada sobre la presencia de la UNIDAD DE ENERGÍA o su configuración, la UNIDAD DE INTELIGENCIA PRIMORDIAL, como sigue;

A. El *Principio de Armonía* da lugar a nuestras Leyes Universales;

B. La *Relación Armónica Primordial* tiene su versión en nuestro dominio material en una *Serie de Fourier;*

C. La *Serie de Fourier* describe un proceso o una estructura eterna por una suma de infinitas componentes temporales sinusoidales;

(ver más adelante la naturaleza energética de la *constante matemática e;* luego hay una sección dedicada a esta constante);

24. **La Serie de Fourier se describe sobre un entorno de convergencia;**

A. El entorno de convergencia energética en la Unidad Existencial es el entorno $Z\Phi$ alrededor del cuál se establece la TRINIDAD PRIMORDIAL;

B. La TRINIDAD PRIMORDIAL sustenta la redistribución energética que define al *Sistema Termodinámico Primordial;*

Para Teología.

Ya lo dijimos antes, pero ahora estamos vinculando conceptos y componentes del dominio primordial (o espiritual) con los dominios energéticos del hiperespacio de existencia multidimensional de naturaleza binaria que ya estamos visualizando concretamente en las distribuciones D_1, D_2, y k graficados con ayuda de la *geometría binaria*.

La TRINIDAD PRIMORDIAL es la estructura sobre la que tienen lugar las interacciones que sustentan la Consciencia Universal, Dios.

¡ATENCIÓN!

El estado de sentirse bien es el estado de consciencia primordial del proceso existencial; es el estado inicial de todas sus manifestaciones temporales desde el que se desarrollan o "construyen" las identidades culturales, temporales.

Este estado primordial es la consciencia de la convergencia en armonía de todas las componentes temporales de la estructura de Consciencia Universal.

La estructura de Consciencia Universal es el arreglo de interacciones y comparaciones entre todas las relaciones causa y efecto que convergen al hiperanillo de convergencia en tres dimensiones de espacio y tres de tiempo.

Esta convergencia armónica en la estructura de Identidad de la Unidad Existencial puede ser conceptualmente descripta matemáticamente, y lo hemos hecho energéticamente, aunque no lo hemos reconocido así; y puede entenderse energéticamente en los sistemas resonantes de nuestras aplicaciones en el subespectro electromagnético, en los sistemas electrónicos resonantes de los equipos industriales, de comunicaciones y control.

Veremos una introducción a la descripción matemática de una función eterna en la sección Descripción de la Unidad Existencial por la Serie de Fourier, al concluir la revisión de estas bases;

25. **Los componentes temporales de la Unidad Existencial conforman la estructura de <u>intermodulación del manto de fluído primordial</u>, del manto de sustancia primordial sin asociaciones; esta intermodulación tiene dos componentes: uno visible y otro no visible (mejor dicho, material e inmaterial, siendo material lo que se alcanza con los senti-**

dos y la instrumentación, e inmaterial lo demás);
¡ATENCIÓN!
La estructura trinitaria del ser humano, estructura *alma-mente-cuerpo* que sustenta el proceso SER HUMANO, es el instrumento natural, el único, para procesar información de la estructura de Consciencia Universal por medio de su arreglo de resonancia dado por la configuración espacio-tiempo de las moléculas ADN;

26.   Conforme al *Principio de Armonía* cuya versión en el dominio material es una *Serie de Fourier*, tenemos una componente espacial continua, constante absoluta, eterna, de la distribución de la rotación de los elementos de sustancia primordial, sobre la que se generan las componentes temporales de rotación y las asociaciones de sustancia que resultan en las partículas primordiales y sus múltiples diferentes generaciones, hasta las hiper galaxias o universos;

Esta componente continua no es una estructura sólida, material; no, no. La componente continua es la resultante de la suma de todas las componentes temporales, y esa suma se verifica sobre el entorno de convergencia, sobre la hipersuperficie de convergencia energética. **Esta suma es suma de movimientos, de energía.**

La componente continua es la que **se representa** en nuestro espacio de referencia por la hipersuperficie ZΦ de convergencia energética.

(Ver más adelante proceso UNIVERSO).
(Ver más adelante TEMPERATURA ABSOLUTA);

27.   **La componente de mayor frecuencia de pulsación de rotación del manto de fluído primordial es la que induce la vinculación entre todas las asociaciones de sustancia primordial en sus diferentes dimensiones de asociación; es la que genera el *campo gravitatorio primordial (GRA);***

---

es la componente que se genera en $Z_{Lím}$;
es la *fuerza de amor* en la estructura de interacciones que sustenta la Consciencia Universal.

Todos los campos de fuerzas son modulaciones que tienen lugar sobre este *campo gravitatorio primordial*.

Ver Figura A3, detalle de un campo de fuerza local generado por la presencia o inserción de una asociación o de una circulación en una distribución de cargas primordiales (Figura A2);

28. La componente de menor frecuencia de pulsación de rotación es la que genera el *campo de inducción primordial (IND)*; es la componente que se genera en Zn; es la *fuerza de temor* en la estructura de interacciones que sustenta la Consciencia Universal;

29. **La componente de *inducción primordial (IND)* es la que genera la redistribución espacial que da lugar al fenómeno que se conoce como "hueco negro" (black hole);**

30. ¡ATENCIÓN!
La componente de frecuencia media de las unidades de cargas primordiales del manto energético es la componente sobre la que estamos montados en nuestro universo.

Nuestro universo es parte de la componente temporal fundamental de la Serie de Fourier que describe a la Unidad Existencial;

31. **La configuración de distribución de la sustancia primordial y sus asociaciones, todas, es la *Unidad de Circulación*, es el *Sistema Termodinámico Primordial*.**

Esta distribución tiene una estructura en "capas de cebolla" debido a las "olas" de redistribuciones de la pulsación primordial en el manto energético.

Las "capas de cebolla" son la que sustentan universos "paralelos"; en realidad, sistemas energéticos que son parte de la hiper galaxia Alfa (ver estructura $\in_1$ en la Figura A13, y nuestro univer-

—

so en la Figura A15) que permiten y sustentan manifestaciones de vida;

32.   La configuración de distribución de la sustancia primordial es una estructura trinitaria resonante natural; la Unidad Existencial es el *Sistema Armónico Primordial*. En cambio, la estructura de Consciencia Universal es un arreglo de dos entidades trinitarias interactuando inmersas en un manto energético; es decir, la estructura de Consciencia Universal tiene siete dimensiones energéticas. Esta estructura es la que se estimuló desde la Consciencia Universal por la orientación en la antiguedad,
« Y Dios creó el universo en siete días... ».
No fueron siete días sino siete dimensiones.
La estimulación tuvo lugar, como todas y como siempre, a través de la intermodulación del manto energético universal[Ref.(A).4].
Como ya adelantamos al inicio de este resumen,
la presencia de energía y "energía oscura" (dark matter) en un dominio energético, y de materia y "materia oscura" en otro dominio, es consistente con una *configuración resonante, de interacciones recíprocas* entre dos entidades de un sistema binario de una estructura trinitaria del hiperespacio multidimensional de naturaleza binaria;

33.   El *Sistema Resonante Primordial* inherente a la estructura TRINITARIA PRIMORDIAL de la Unidad Existencial tiene sus dos componentes de interacciones recíprocas dadas por las interacciones entre dos entornos de pulsación (D_1 y D_2) que tienen configuraciones espaciales y constantes de tiempo diferentes; debido a esas diferencias, un entorno de convergencia de un dominio de pulsación tiene lugar a expensas de la divergencia de otro entorno de pulsación hasta que se alcanza un intercambio recíproco en otra dimensión de pulsación que genera la reversión del proceso.

Nuestro universo está en un subentorno del dominio D_2 en expansión con aceleración decreciente;

34. NATURALEZA ENERGÉTICA DE LA CONSTANTE MATEMÁTICA e.
La base de la *Función de Distribución Primordial o función patrón primordial*, la función exponencial de base e, es el valor límite de una serie binaria en el espacio de referencia matemático;
es el <u>valor límite de las interacciones</u> en una distribución de unidades de circulación, de asociaciones de sustancia primordial de un sistema binario, de una distribución inmersa en un manto de fluído primordial uniforme que sólo tiene lugar en el hiperanillo hΦ de ZΦ.
Dedicamos luego una sección para introducir la naturaleza energética de la constante matemática e;

----

35. Los átomos en la Tierra son versiones en nuestro entorno energético de las unidades de circulación o células energéticas primordiales;

36. Los electrones son las partículas en la dimensión energética de convergencia de la Unidad Existencial;

37. Las moléculas de vida en la Tierra, moléculas ADN, son versiones de las moléculas de vida primordial;

38. Las diferentes "capas de cebolla" contienen diferentes colectividades o universos de vida;

----

39. El proceso UNIVERSO (del que es componente temporal nuestro universo),

---

es resultado de la resonancia natural de la Unidad Binaria [Alfa-Omega] de la Unidad Existencial;

40. El sistema binario [Alfa-Omega] interactuante en el dominio material (en el hiperanillo hΦ) interactúa, a su vez, recíprocamente con el sistema binario polar de ZΦ (POLO NORTE-POLO SUR).
Ver Figuras A1, A13 y A14.
Esta interacción primordial, natural, es la que genera la componente alterna sobre la que están "montados" nuestro universo, la hiper galaxia Alfa, y el otro universo, la hiper galaxia Omega; una nuclearización se expande a expensas de la contracción de otra;

41. En relación a la radiación cósmica de fondo de nuestro universo y su evolución y expansión hacia un estado aparentemente "irreversible",
nuestro universo está "montado" sobre la componente fundamental (sobre la primera armónica) de la *Serie de Fourier* que describe a la Unidad Existencial; está "montado" sobre la componente fundamental del *Sistema Termodinámico Primordial*, y por lo tanto, toda evolución energética en nuestro entorno del universo es hacia esta componente que es la referencia de todas las redistribuciones del proceso UNIVERSO.
Ver componente fundamental (línea de trazos $h_1{}^*$) en la Figura A1, y la senoidal de mayor período alrededor del valor medio 1 o (½) en las Figuras A10 a A12.
(Ver TEMPERATURA ABSOLUTA más adelante);

42. La Unidad Existencial, teniendo un volumen de cargas primordiales redistribuyéndose sobre una estructura TRINITARIA PRIMORDIAL, da lugar a versiones análogas en nuestro dominio.

Los sistemas resonantes RLC (resistor de resistencia R; inductor de inductancia L; capacitor de capacitancia C) en el subespectro electromagnético (ELM) son versiones del *Sistema Armónico Primordial.*
En la sección Capacitor Binario y en el Atlas, ver analogía entre la Unidad Existencial como *capacitor binario* y los sistemas RLC en paralelo.
Visitar las Figuras A16 y A17.
Los sistemas RLC definen un espacio energético por sus gradientes L y C con respecto a un entorno cerrado de convergencia cuya estructura de circulación es R.

43. **Naturaleza de la Inercia.**
Tenemos una expresión diferencial para el movimiento mecánico que es absolutamente análoga a la expresión diferencial en el subespectro electromagnético.
Esta expresión permite reconocer a la <u>inercia</u> como la "inducción" asociada a la estructura interna de las asociaciones materiales, y como "capacitancia" al efecto de la modulación del manto energético con su presencia (efecto que reconocemos como *campo gravitacional del material o entorno o "atmósfera" de inserción* del material en el manto energético);

44. Los sistemas resonantes RLC tienen un arreglo análogo a uno de los "universos" (es el conjunto de elementos R, L y C), y el otro "universo" lo da el procesador (amplificador) a expensas de una fuente de pulsación continua, V_{CC}; ambos son recíprocos, inversos, debido a la realimentación negativa del sistema RLC al amplificador; y <u>el sistema se encuentra sobre una componente continua, constante, dada por la caída de potencial sobre una resistencia de carga R_L</u>; la expansión y contracción del potencial sobre R_L se hace gracias al suministro de cargas de V_{CC} y la expansión y contracción de cargas del inductor L y del capacitor C, (R es la componente resistiva ine-

---

vitable del capacitor y del inductor).

¡ADVERTENCIA PARA LA TIERRA!
COMO SUBSISTEMA RESONANTE DEL SISTEMA SOLAR.
El control de las redistribuciones energéticas del planeta es el control de resonancia de la estructura trinitaria de nuestro planeta.
La estructura energética de la Tierra es absolutamente análoga a la estructura de la Figura A1.
La resonancia de la Tierra depende de lo que se extrae del dominio interno del planeta (que es el componente análogo al inductor L), fundamentalmente de los hidrocarburos.
Los sistemas resonantes en paralelo deben tener la resistencia de carga (que es la superficie de la Tierra en esta analogía) del mayor valor posible, algo que se va cambiando en la Tierra por la actividad humana, lo que cambia el *factor de calidad de resonancia Q* del planeta frente al resto del sistema solar;

45.	El arreglo de control de la Unidad Existencial y todas las nuclearizaciones universales es inherente a la configuración de redistribución de la *pulsación existencial*, a la estructura de la TRINIDAD PRIMORDIAL. Las características de la estructura de control se transfiere a sus versiones locales.

En realidad, la Unidad Existencial no controla nada, ella simplemente es como es; y como es origina las condiciones por las que deben responder todos sus componentes, cosa que ocurre naturalmente, excepto en el ser humano, pues somos unidades de consciencia en desarrollo para lo que debemos desviarnos del proceso natural para experimentar el regreso a él como resultado de la consciencia que vamos desarrollando;

46.	La hipersuperficie de convergencia ZΦ de los dos dominios de pulsaciones es la referencia espacial y energética absoluta del proceso de redistribuciones energéticas del *Sistema*

Termodinámico Primordial y de las interacciones que sustentan la Consciencia Universal que tiene lugar en el entorno de ella;

47. **La inteligencia del proceso existencial es inherente a la configuración espacio-tiempo de redistribución del manto energético y las estructuras inmersas en él;**

48. **TEMPERATURA ABSOLUTA.**
Como *Sistema Termodinámico Primordial*, la componente continua de la descripción espacio-tiempo de la Unidad Existencial (de la *Serie de Fourier*) es la componente a la que ahora se toma como Temperatura Absoluta de Cero Grado Kelvin.
Ver en la Figura A1 la componente fundamental en líneas punteadas (h_1*).
En todas las Figuras, la componente que tiene la Temperatura Absoluta de $0°K$ es la componente continua representada por la constante a lo largo del hiperanillo $h\Phi$; es la constante alrededor de la cual varía la componente senoidal fundamental sobre la que se halla la Unidad Binaria [Alfa-Omega]. Alfa se halla en una semionda y Omega en la otra opuesta.
Ver *valor medio* V_{MED} en las Figuras A10 y A11, y valor (½) en la Figura A12 (el valor constante ½ proviene de la Serie de Fourier).
¡ATENCIÓN!
El reconocimiento de la estructura binaria de la Unidad Existencial de la que nuestro universo es uno de sus componentes permite resolver la aparente irreconciliación entre el *Principio de Conservación de la Energía* (un reconocimiento de la eternidad) y la *Segunda Ley de la Termodinámica*. La Temperatura Absoluta de cero grado Kelvin es la temperatura del valor medio del manto energético primordial cuando se redefine temperatura como una indicación de la *relación [Ξ/e*]* [Ref.(A).1], *relación de circulación a rotación* del entorno u objeto explorado que ya fue introducida en el

apartado (11);

49.   **La información energética que recibimos desde el lejano universo <u>no es información en tiempo real</u>;**

50.   La velocidad de la luz es "constante" sólo en el entorno de convergencia energética a todo lo largo de hΦ, hiperanillo preferencial de la hipersuperficie de convergencia ZΦ, y en sus alrededores radiales.

V

Unidad Existencial

Descripción de la Unidad Eterna por Serie de Fourier en el espacio de referencia matemático

ANTES DE COMENZAR.

Tal quisiéramos profundizar un poco, antes de la descripción matemática de la Unidad Existencial, en la sustancia primordial y sus asociaciones, las partículas primordiales o unidades de cargas primordiales, naturaleza de la energía, y la naturaleza energética de las series matemáticas, particularmente la serie que nos conduce a la constante matemática e̱.

Si así fuera el caso del lector que llega a este punto, ofrecemos otra introducción diferente para todos y para quienes se inician en el estudio formal del proceso existencial, en la sección AT II del Atlas, *Exploración del Proceso Existencial*, en la que se incluye también un apartado para la Ciencia. Además de introducirnos a aspectos del concepto de hiperespacio multidimensional y su relación con el espacio de referencia matemático, tenemos algo sobre energía y las hebras energéticas representadas por series matemáticas.

Quienes ya están en el estudio y la exploración formal del proceso UNIVERSO pueden ir directamente a revisar en el Atlas de la Unidad Existencial el apartado *Para la Ciencia* de la sección AT II, *Exploración del Proceso Existencial*, y aspectos de la Naturaleza Energética de la Constante Matemática $\underline{e}$, en la sección AT III, y luego regresar para retomar la revisión desde aquí.

No ha sido nada sencillo decidir cómo introducir las Bases del Modelo Cosmológico Unificado Científico-Teológico y el *Sistema Termodinámico Primordial* que permite alcanzar conceptualmente la *Teoría Unificada* por la que explicar todos los aspectos del origen, evolución y fenomenología de nuestro universo, y en esta presentación no se pretende demostrar nada que la ciencia ya tiene demostrado y confirmado.

El proceso de conscientización no es sólo un proceso racional lineal de establecimiento de relaciones causa y efecto en nuestro dominio, y por ello ciertos aspectos se repiten bajo consideraciones diferentes para "construir" el arreglo que se hace parte de la estructura de consciencia o de entendimiento del TODO, de la Unidad Existencial, no limitado a aspectos de Ella "aislados" entre sí.

Una expresión que describe una ley de comportamiento en un entorno, si bien es ley en ese entorno, debe revisarse luego frente a otros entornos que son, junto con el previo, casos particulares de otra expresión más universal que los incluye. Es lo que ha venido enfrentando la comunidad científica hasta ahora, particularmente en relación a la *Segunda Ley de la Termodinámica* que manejamos en nuestro dominio energético; ley que siendo válida en nuestro entorno energético es, sin embargo, inconsistente con una consideración de nuestro universo como la Unidad Absoluta, cerrado eternamente conforme al *Principio de Conservación de la Energía*.

Si en un párrafo tuviera que describir qué se pretende mostrar con el Modelo Cosmológico Unificado es, por una parte, la configuración energética del *Sistema Termodinámico Primordial* que da origen a nuestras matemáticas, a la herramienta racional por la que describimos la fenomenología energética que observamos en, y alcanzamos desde nuestro entorno del proceso existencial; y por otra parte, introducir la configuración de la TRINIDAD PRIMORDIAL sobre la que tienen lugar las interacciones por las que se sustenta la Consciencia Universal, Dios.

Energéticamente, especial consideración damos a la naturaleza energética de la constante matemática $\underline{e}$ que contiene en sí misma, en la serie matemática que representa a la hebra energética primordial, la información fundamental para entender el mecanismo del proceso existencial. Y porque tampoco resulta sencillo visualizar el proceso de interacciones entre dos dominios energéticos, entre dos "hebras" interactuantes en el espacio multidimensional de naturaleza binaria, es que repetimos este aspecto en diferentes secciones con diferentes elementos racionales. La versión original del reconocimiento de la naturaleza energética de la constante matemática $\underline{e}$ se encuentra en la referencia (A).1, *Antes del Big Bang*. Lejos está de esperar que en esta presentación se diga todo acerca de esta constante, sino que, por el contrario, se espera abrir una exploración racional y una interacción con una actitud mental diferente que nos permita penetrar más en el proceso existencial del que somos partes inseparables. Debemos dejar la actitud prevalente de depender de expresiones matemáticas válidas en nuestro universo para, a partir de ellas, profundizar en el entendimiento del proceso existencial; debemos regresar a la actitud natural, la de trascender nuestro entorno energético a través de la mente, para reconocer y luego describir lo que se reconoce del otro dominio al que sólo llegamos por la mente y del que sólo hemos descripto manifestaciones por expresiones que son válidas localmente, aunque siempre son versiones análogas de una primordial de la que ya tenemos nuestra versión local.

Ya hemos llegado a la Unidad Existencial, al Universo Absoluto.

Aunque jamás podemos salir de ella (ni siquiera podemos salir del entorno particular dentro de ella sobre el que se define la vida o la inteligencia consciente de sí misma) podemos imaginarnos verla desde afuera, desde la nada total en la que la Unidad Existencial se halla inmersa. Es casi como ocurre cuando nuestros astronautas ven la Tierra desde su espacio "exterior" inmediato, haciendo abstracción del resto del sistema solar y de nuestro universo. Desde allí ven una bella esfera que luce como una canica de mármol cuyos cambios externos ven porque orbitan alrededor de ella, y por las interacciones naturales que van cambiando lentamente; pero saben que es una esfera que está llena de inteligencia energética natural y de vida consciente. ¿Cómo no saberlo?, si es su hogar, nuestro hogar de la especie humana, y hogar de todas las formas de vida con las que compartimos nuestras experiencias que son parte del proceso de conscientización en este pequeño entorno o "vecindario" de la estructura que alberga la FORMA DE VIDA PRIMORDIAL.

Pues bien.

Tenemos la Unidad Existencial [Ref.(A).1], la "canica" absoluta; mejor dicho, comenzamos a visualizarla, y comenzamos a describirla por *geometría binaria*.

Es una hiperesfera multidimensional de naturaleza binaria definida por la presencia de un colosal manto de sustancia primordial y una distribución espacio-tiempo de ella y sus asociaciones conformando una configuración inteligente, consciente de sí misma. Decimos que la configuración es espacio-tiempo pues lo que observamos, o imaginamos en un instante dado, va cambiando entre dos estados límites, algo que justificaremos, o que revisitaremos pues ya lo hemos expresado en las bases: la Unidad Exis-

---

tencial es inherentemente un sistema resonante, es la UNIDAD DE CIRCULACIÓN de naturaleza binaria que define el *Sistema Termodinámico Primordial.*

La configuración inteligente consciente de sí misma es la FORMA DE VIDA PRIMORDIAL inmersa en un manto de fluído primordial.

Podemos realizar una visita a las Figuras A13, A14 y A15.

Ahora viene nuestro reto racional.

Estábamos buscando una expresión racional que constituya un marco de referencia coherente y consistente para explicar y relacionar todos los aspectos físicos y mecánicos, de funcionamiento y evolución del universo, de nuestro universo, y para predecir su fenomenología energética.

Pues bien.

Establecimos que no era posible alcanzar esa expresión, la Teoría Unificada, a menos que alcanzáramos, que visualizáramos a la Unidad Existencial de la que el universo es componente; y obviamente, a menos que describiéramos a la Unidad Existencial pues el universo se subordina a Ella (las leyes universales se derivan de lo que rige a la Unidad Existencial).

Entonces,

antes que nada estamos buscando una expresión que nos describa a la Unidad Existencial en un espacio de referencia, en nuestro espacio matemático.

Notemos lo siguiente.

Ni siquiera hemos conseguido una expresión que describa energéticamente a la Tierra como un sistema resonante componente de otro sistema resonante, el sistema solar, a pesar de tener todas las herramientas racionales y las experiencias energéticas. Entonces, ¿cómo podríamos describir el universo?

Y ahora nos proponemos describir... ¿a la Unidad Existencial?

¿Cómo podríamos esperar describir la Unidad Existencial con una sola expresión?

¿Cómo una función tan compleja como el proceso existencial o su componente consciente de sí misma, la FUNCIÓN EXISTENCIAL CONSCIENTE DE SÍ MISMA, o un entorno como el universo, podría describirse por una sola expresión matemática?

Muy simplemente.

Veamos.

Podemos considerar teoría a lo siguiente, pero no a la descripción a la que vamos a llegar.

La Tierra y la Unidad Existencial son análogas en cuanto a un ambiente hiperesférico multidimensional, energéticamente, y de naturaleza binaria, que alberga vida.

La Tierra es una estación remota de vida universal.

La Tierra es una entidad viva.

La entidad de vida desde el nivel absoluto se define por el ambiente energético que permite la concepción de vida, o mejor dicho la demodulación de vida desde la intermodulación del manto energético, y que sustenta sus desarrollos.

El planeta y sus unidades de inteligencia conforman una unidad de vida. No podemos verlo así desde nuestro nivel, pero la Tierra, y los innumerables planetas que albergan vida en el universo, son resultado de la inteligencia de vida en otro nivel.

Que haya vida en el sistema solar, en la Tierra específicamente, se debe a que la Tierra ocupa una órbita particular del sistema solar, y que el sistema solar está en un entorno particular de la galaxia Vía Láctea.

De la misma manera con nuestro universo. Nuestro universo alberga innumerables planetas con vida porque ocupa un lugar particular en la Unidad Existencial.

Si quisiéramos describir a la Tierra con una sola expresión, podemos hacerlo porque esa expresión sería una versión de la que describe a la Unidad Existencial.

Entonces vamos a la expresión general que describe a la Unidad Existencial, y de ella, las del universo y la Tierra son versiones.

Adelantamos lo siguiente.

De la expresión general primordial, la del universo es un término de ella, y la expresión para la Tierra es un sub-término de la del universo.

La Unidad Existencial es la UNIDAD ENERGÉTICA ABSOLUTA; es la UNIDAD DE CIRCULACIÓN; es un volumen absolutamente constante de sustancia primordial.

¿Cuál es la *variable dependiente* que vamos a describir con la *variable independiente* que hemos definido, el tiempo?

Si la UNIDAD ABSOLUTA es una constante eterna, independiente del tiempo, ¿cómo vamos a describirla en función del tiempo?

La Unidad Existencial como tal, el TODO, es una constante absoluta; su volumen de sustancia primordial es constante absoluta; la energía inherente a la sustancia primordial y sus asociaciones es constante absoluta (pero no su distribución dentro de ella).

La Unidad Existencial es, en todo instante, la suma de todo lo que tiene lugar dentro de ella, y esa suma es lo constante.

La suma en todo instante de TODO LO QUE ES, TODO LO QUE EXISTE en la Unidad Existencial, en el hiperespacio de existencia, es constante.

Veamos una analogía muy simple, muy clásica.

Tenemos una roca.

La roca es un material sólido, constante en nuestro entorno energético mientras no haya cambios de presión o temperatura en la atmósfera, o de distribución de otros materiales en el manto energético en el que se encuentra presente.

(Dicho sea de paso, notemos que el estado de la roca depende del estado del manto energético. La roca evoluciona al mismo ritmo del manto; pero, como la evolución del manto es muy lenta, por ahora tenemos un material constante en nuestra dimensión de tiempo).

Sin embargo, la roca es una asociación de átomos, moléculas y partículas primordiales y electrones libres; es decir, es una aso-

---

57

ciación de células energéticas, de unidades de circulación, los átomos y moléculas, y de unidades de rotación, de electrones y partículas primordiales.

Desde fuera la roca es inmóvil.

Pero la *inmovilidad de la roca es el resultado de una asociación de movimientos*; es resultado de una asociación de energía o de unidades de cargas primordiales (unidades de rotaciones). *Carga* es la cantidad de rotación de los elementos de sustancia primordial y sus asociaciones, de las partículas primordiales (de las que *cargas eléctricas* son sus versiones en el subespectro electromagnético).

Cuando cambiamos la temperatura, es decir, cuando cambiamos la *relación de circulación a rotación ($\Xi/e*$)*[Ref.(A).1] de la atmósfera, cambia el estado de movimiento dentro de la roca, cambia su volumen y el estado de circulación de su superficie que comienza a pulsar en el espectro visible (cambia de color si la temperatura es muy elevada).

En el caso de la roca, de la UNIDAD ROCA, definimos a un subespectro de la energía contenida como la *variable dependiente* a describir por el tiempo. Elegimos usualmente la temperatura, o a la pulsación que ella emite. Podemos elegir su densidad, o el cambio de volumen. En todos los casos, nuestras variables dependientes que elijamos son una versión de la cantidad de rotación contenida por la roca de la que sólo podemos cuantificar un subespectro determinado, infrarrojo, visible, ultravioleta, y a través de ciertos efectos determinados, cambio de color, volumen, intensidad del espectro de frecuencias emitidas, sobre detectores, es decir sobre otras entidades energéticas.

Podemos describir a la roca como UNIDAD, como algo CONSTANTE, en función del tiempo, por sus componentes temporales, como ya veremos luego que hacemos frecuentemente en otras aplicaciones. Acabamos de ver que la UNIDAD ROCA es una colección de rotaciones y orbitaciones cuyo efecto por su integración o asociación es el sólido "inmutable" [Refs.(A).1 y 8].

Pasemos ahora de la roca a la Unidad Existencial.

¿Cómo hacemos en la Unidad Existencial?

¿Cuál es la *variable primordial* cuya distribución espacial, por una parte, y su variación en el tiempo como *variable dependiente* por otra parte, vamos a describir con una sola expresión?

Usualmente describimos la cantidad de energía involucrada en el proceso explorado o en el cambio observado con respecto a una referencia "constante" en nuestra dimensión de tiempo. Después de todo, a nosotros nos interesa esta cuantificación relativa para los efectos de nuestras experiencias en nuestra dimensión de tiempo.

Ponderar el cambio de energía absoluta no es posible.

Ahora bien.

La *variable primordial* de naturaleza binaria de la Unidad Existencial es la carga del elemento de sustancia primordial; es la cantidad de rotación que contiene el elemento de sustancia primordial, y de ella sólo vamos a ponderar sus efectos relativos frente a una referencia local. Jamás llegaremos a la *carga absoluta* de ningún elemento de sustancia primordial, ni partícula primordial, ni de sus asociaciones, sino a una ponderación parcial, relativa.

La carga de un elemento de sustancia primordial, o de sus asociaciones, es la que determina la *energía*, la *capacidad de interactuar e intercambiar rotación* con otro elemento de sustancia primordial o asociación de ella, de esa interacción se pondera una *cantidad de rotación intercambiada*, una *cantidad de energía*, por sus efectos frente a una referencia local.

La carga, siendo de naturaleza binaria, tiene dos componentes: *espacio ocupado* (la masa absoluta) y *frecuencia de rotación*; y puesto que el volumen de espacio ocupado es el elemento espacial absoluto e igual para todos los elementos de sustancia primordial independientemente de la cantidad de rotación que tenga, podemos considerar que a nivel primordial la variable (de natura-

---

leza binaria) es [1, f], es simplemente la frecuencia de rotación [¡ATENCIÓN! De aquí proviene el considerar a la energía como la "materia prima" absoluta en vez de capacidad de la sustancia primordial].

Luego, con esta consideración,

la **variable primordial dependiente** es la carga primordial.

Veamos atentamente lo que sigue.

Lo que evaluamos en todos los casos es la cantidad de unidades de carga que toma una distribución de carga primordial para obtener una configuración dada en un momento determinado, y, o la cantidad de proceso puesto en juego para generar un cambio de esa configuración. Es decir, evaluamos espacio, cantidad de sustancia primordial que toma la configuración; y evaluamos el esfuerzo, el trabajo para generar ese cambio. En nuestro entorno, también evaluamos el cambio observado, *espacio* o una versión, masa, densidad, volumen, por el trabajo, por la cantidad de variación de rotación que hace falta que tenga lugar en otro entorno energético para causar ese cambio que se observa en el nuestro, y esta variación de rotación en otro entorno energético (al que no llegamos) lo hacemos por medio de una cantidad de rotación de una referencia local. Esta cantidad de *rotación de la referencia* local es nuestro *tiempo*, una versión de la cantidad de cambio de la rotación primordial que va teniendo lugar en el entorno al que no llegamos y que causa lo que observamos y ponderamos en un subespectro limitado.

Nuestro tiempo local es una cantidad de pulsación (de un átomo de referencia, cesio) a la que se toma como referencia de cantidad de proceso existencial transcurrido.

El tiempo local, variable de nuestra "creación", de nuestra elección, es la *variable independiente* por la que describimos el proceso existencial, o mejor dicho, por la que describimos sus manifestaciones locales.

El tiempo es una cantidad de movimiento, de pulsación de referencia, para medir cantidades de redistribuciones de unidades de cargas primordiales en las estructuras energéticas en la Unidad Existencial, en el universo, o en nuestro entorno.

Notemos que la referencia, el átomo de cesio (Cs) en nuestro caso, es una carga cuyo valor varía con el universo y con un algoritmo que depende del entorno del universo en el que el átomo se encuentre. La pulsación del átomo depende del manto energético en el que se halle. La pulsación es consecuencia de la interacción entre la carga del átomo, de sus elementos que lo constituyen, y el manto energético universal.

Vayamos notando que a medida que exploramos los elementos del proceso existencial, de la Unidad Existencial, nos vamos "perdiendo" en la maraña de elementos de información, lo que hace tan dificultoso mantener la vista global para alcanzar la consolidación que se busca.

Entonces, todo proceso existencial es una redistribución de energía, de unidades de carga, que a nivel primordial son unidades de rotación evaluadas por su frecuencia con respecto a una referencia que también evoluciona, aunque a otra rapidez tan lenta que la hace ver como constante. Sin embargo, hay una rotación media absolutamente constante en un entorno de la Unidad Existencial (en el hiperanillo de convergencia hΦ).

Antes de continuar mencionemos algo acerca de la distribución de las unidades de carga dentro del volumen de la Unidad Existencial. (Luego regresaremos con más de estas unidades de cargas primordiales al ver a la Unidad Existencial como un *capacitor binario*. Deseamos estimular la visualización de las dimensiones de infinidad sobre las que se extienden los términos de la serie que describe a la Unidad Existencial. Las dimensiones de infinidad se confirman en la serie que define a la constante matemática e, como veremos también luego.

A nivel de la Unidad Existencial, "vista desde afuera" como TODO, UNIDAD ABSOLUTA, todo es una redistribución de una configuración de distribución del volumen de unidades de cargas primordiales, de unidades de rotación; todo es redistribución de un volumen de unidades primordiales binarias [1; f], como definimos antes, entre sus estados límites de frecuencias [1; $f_{MÁX}$] y [1; $f_{MÍN}$]. El rango de frecuencias entre $f_{MÁX}$ y $f_{MÍN}$ es infinito (finito o real absolutamente, pero inmensa, inmensurablemente grande). Las asociaciones de las unidades de cargas definen otro rango de infinidad menor de frecuencias sobre un rango infinito (por inmensurable) de asociaciones entre sus estados límites indicados como [(1/∞); $f^*_{MÁX}$] y [(∞); $f^*_{MÍN}$]. Ahora, la unidad 1 es otra unidad; es el valor medio de las infinitas asociaciones que puede alcanzar la unidad de carga primordial. A las unidades en este rango de asociaciones entre (1/∞) e (∞) les corresponden frecuencias f* de una dimensión de infinidad menor que la primordial. Las asociaciones y sus frecuencias son limitadas por el resto del manto de unidades de cargas en el que se encuentren inmersas las asociaciones.

Como podemos deducir, hay un entorno de la Unidad Existencial en el que se encuentran las unidades de carga cuyos valores de asociaciones sean [1^*_{MED}; f^*_{MED}] en un segundo orden de dimensión de infinidad.

Regresando a la Unidad Existencial,

ésta es un volumen de energía, un volumen de unidades de cargas primordiales y sus asociaciones.

Este volumen, que es absolutamente constante, se distribuye de manera que se describe por una Serie de Fourier binaria; o por dos series inversas cuya suma en todo instante es la Unidad Existencial.

¿Cómo justificamos la extensión a la Unidad Existencial de la herramienta racional que empleamos en un dominio energético temporal de ella, en nuestro entorno energético, por la que describimos una función temporal, cualquiera que sea en el tiempo, por una serie de infinitos componentes senoidales?

Si asumimos por un momento que nuestro universo es la Unidad Existencial, que es el contenedor de la energía eterna, nuestro universo es entonces la confirmación de que la Unidad de Energía Eterna se descompone en componentes temporales. No necesitamos demostrar nada que no sea ya evidente en sí mismo. Que en nuestro entorno energético del proceso existencial podamos aplicar la misma herramienta, o extenderla a la Unidad Existencial de la que el universo es parte, se debe a las propiedades topológicas de la Unidad Existencial por las que las funciones isomórficas conservan en diferentes entornos la misma función general que las describe.

La Serie de Fourier, la herramienta racional por la que describimos una función cualquiera en el tiempo por sus componentes senoidales, no es sino una aplicación de algo que proviene de la configuración de la Unidad Existencial; es una extensión permitida y sustentada por las propiedades del manto energético primordial y universal, siendo este último una versión, una modulación sobre el primordial.

Ahora bien.

Las Series de Fourier describen una función temporal por sus componentes senoidales específicamente.

Los componentes temporales primordiales son senoidales.

La función temporal senoidal es la descripción en el tiempo de la variación natural de la unidad de carga primordial inmersa en un manto pulsante.

La variación senoidal de una unidad de carga es el efecto de la transferencia de una variación en el manto energético en el que se encuentra inmersa la unidad de carga; es la confirmación de la pulsación primordial del manto energético que se transfiere a lo largo de una línea, de una hebra que pasa por el centro de la unidad de carga; o es la confirmación de la rotación que se transfiere a lo largo de una hebra que pasa por el centro de la unidad de carga que rota en un manto con un gradiente en la dirección diametral de la unidad de carga.

Ahora lo que nos importa es que la descripción de una función temporal por sus componentes senoidales es primordial.

Pero la unidad Existencial es una función existencial eterna. No hay problema.

Una función existencial eterna, real, reconocida y confirmada como únicamente lo es la Unidad Existencial, puede ser descripta por una sucesión infinita, eternamente abierta (por inacabable) de funciones temporales.

La versión más simple es por dos trenes de pulsos cuadrados inversos cuya composición secuencial es una constante.

Como analogías en nuestras aplicaciones tenemos varias versiones en nuestras aplicaciones en el subespectro electromagnético (ELM), en los sistemas de comunicaciones, control y transmisión y procesamientos de datos.

Visitar Figura A10 en el Atlas.

Podemos transferir una función constante, una imagen de un potencial constante de una batería, por decir algo simple, a través de dos pulsos cuadrados inversos que demodulados en el receptor dan un potencial constante a otro nivel. (Hay otra manera más simple, a través del valor medio de modulación del ancho de un pulso simple periódico, pero no es análoga a lo que ocurre en la Unidad Existencial).

Esta versión de la Figura A10 es la que tiene lugar en la Unidad Binaria de la Unidad Existencial, y es la que vamos a explorar un poco, aunque la ciencia ya conoce de ella, porque hay aspectos que conviene señalar para revisar con más detalles en otros trabajos fuera del alcance de éste. Allí, en el Atlas, en relación a esta Figura sigue una revisión de consideraciones energéticas y matemáticas para quienes se inician en la exploración científica del proceso existencial.

Que una sucesión de dos pulsos cuadrados inversos puedan dar lugar a una función eterna es absolutamente natural en un hiperespacio de unidades de cargas primordiales de naturaleza binaria modelado en el espacio de referencia matemático como entidad espacio-tiempo.

Dos pulsos cuadrados inversos responden a las propiedades topológicas e isomorfismo del universo, del entorno temporal de la Unidad Existencial.

¿Cómo visualizamos a estos dos pulsos cuadrados en la Unidad Existencial?

Cada pulso cuadrado es no sólo descripto, sino compuesto en la Unidad Existencial por infinitas componentes senoidales.

Notemos que decimos infinitas componentes senoidales, no que el intervalo de tiempo sobre el que se extienden esas componentes sea infinito, eterno; no. Debe haber una convergencia de infinitas componentes senoidales sobre un entorno energético obviamente finito para obtener una redistribución temporal escalón en ese entorno, o una redistribución de un valor constante por el tiempo de duración o de "existencia" de ese pulso cuadrado.

¿Hay algo que veamos cuadrado, constante por un semiperíodo en la Unidad Existencial, y luego constante por otro semiperíodo, y así sucesiva, eternamente?

Sí.

Lo que vemos constante permanentemente es la cantidad de energía que en todo instante es un valor específico inmutable, a la que no podemos evaluar directamente sino por la suma de todos los cambios que convergen a un punto de evaluación que tengan lugar en cada período de redistribución completa de ese punto; o por la suma de todos los cambios en un instante dado sobre toda la estructura de convergencia de la Unidad Existencial.

Lo que acabamos de decir es lo que luego nos permite formular la condición de cierre de los entornos energéticos en nuestro dominio, particularmente en relación a los sistemas electromagnéticos de configuraciones resonantes RLC (resistor-inductor-capacitor).

Dicho sea de paso, luego veremos que un ambiente energético cerrado definido por una configuración RLC es una analogía de la Unidad Existencial. Lo veremos al introducir la exploración de la

Unidad Existencial como un *capacitor binario*.

A pesar de estar inmersos en una configuración de circulación energética compleja que define a la UNIDAD DE CIRCULACIÓN, al *Sistema Termodinámico Primordial*, observamos que la circulación total es constante "medida" sobre el hiperanillo $h\Phi$ de convergencia, hiperanillo preferencial o ecuatorial de la hipersuperficie $Z\Phi$ de convergencia energética de la Unidad Existencial. Los elementos fundamentales de la Unidad Existencial han sido mencionados en las bases del *Modelo Cosmológico Unificado Científico-Teológico*, e introducidos con algunos detalles energéticos en la ref.(A).1, *Antes del Big Bang*.

Ver $h\Phi$ y $Z\Phi$ en las Figuras A1, A5, A13, A14.

Lo que es constante absolutamente de la UNIDAD DE CIRCULACIÓN es el valor medio en todo instante, valor dado por la convergencia de todas las infinitas componentes sinusoidales que representan, que llevan las redistribuciones de todas las unidades de cargas primordiales, absolutas, que componen el manto de fluído primordial, todas sus dimensiones o niveles de modulación, y todas las estructuras de asociación inmersas en él.

Como analogía veamos la siguiente.

Supongamos tener un resistor eléctrico, de cualquier forma espacial, y constituído por una miríada de componentes, algo absolutamente real, materializable en nuestro medio.

Notemos que no importa la forma espacial del resistor.

El resistor está constituído por innumerables átomos, y supongamos que sean átomos de una colección de materiales diferentes. La distribución interna del resistor es uniforme.

Tenemos una estructura energética "viva", o activa, de átomos pulsantes y sus asociaciones, y de elementos orbitando y rotando sobre sí mismos, electrones orbitales y libres, y partículas primordiales.

Este resistor es nuestra analogía de la Unidad Existencial.

Una variable que lo describe en el subespectro electromagnético para un potencial continuo de excitación es el flujo de corriente, el *flujo de cambio de cargas* de la fuente de potencial V_{CC}, de la batería que lo energiza, que estimula ese flujo a través del resistor.

La corriente a través del resistor es continua, constante (mientras lo sea la fuente de potencial V_{CC}).

Durante un cierto tiempo, hasta que algo nos diga que es hora de cambiar la fuente de potencial V_{CC}, tenemos un pulso cuadrado dado por el flujo de corriente continuo a través del resistor. Luego cambiamos la fuente V_{CC} a otra, sin que haya discontinuidad en la conmutación de una a otra, y tenemos el otro pulso dado por la nueva fuente.

Asumamos que el resistor, los átomos que lo componen, no se enteran del cambio que ha tenido lugar; la conmutación tiene lugar en un instante de tiempo.

Cada vez que se llega a un nivel de cargas de cada fuente de potencial, se produce una conmutación de ellas por otra; conmutación por la que se sigue excitando la circulación por la nueva fuente mientras se recarga la previa, y así sucesiva, eternamente.

En la Unidad Existencial, V_{CC} es la pulsación primordial que se genera sobre su entornos límites $Z_{LÍM}$ y Zn por disociación y reasociación, respectivamente, de partículas primordiales frente a la nada absoluta fuera de $Z_{LÍM}$[Ref.(A).1].

No hay mucha diferencia en el resistor con lo que ocurre en la Unidad Existencial, excepto la complejidad.

¿Cómo manejamos la complejidad en la Unidad Existencial?

Pues, a través de las *componentes portadoras* de cada proceso.

Las componentes portadoras son modulaciones del manto energético; son las "capas de cebolla" de la distribución de densidad energética del manto que soportan estructuras de asociaciones que se subordinan a esas modulaciones.

Hay una portadora para el proceso UNIVERSO, o mejor dicho para la Unidad Binaria de la que nuestro universo es uno de sus

componentes, y otra portadora para cada una de sus nuclearizaciones universales, galaxias, sistemas estelares, y planetas que
son estaciones remotas de concepción y desarrollo de vida universal. Ver Figuras A13 y A15 en el Atlas.

**Cada portadora es una de las componentes senoidales de
la Serie de Fourier binaria que describe a la Unidad Existencial.**

Vamos a ver algunos aspectos de la analogía anterior que pa-
recen elementales para quienes exploran el proceso UNIVERSO,
pero tienen importancia por su relación directa con él.

Una vez más, para determinar la circulación constante para el
potencial disponible V_{CC} de la fuente, notemos que no importa la
forma del resistor sino el *volumen total de átomos* y los relativos
de su diversidad (si hay diferentes átomos). De modo que la *función de circulación* que determina la corriente, el flujo en esa configuración, se mantiene igual para toda configuración espacial del
volumen del resistor mientras mantenga su volumen y su diversidad interna. En cambio, la característica de distribución espacial
dentro del volumen tiene importancia en el tiempo transitorio de
establecimiento del flujo de corriente inicial, o que haya o no un
disturbio notable en el instante de la conmutación. Es decir, un
gradiente no nulo o nulo de distribución espacial dentro del resistor afecta, respectivamente, a la respuesta inicial o la constancia
del flujo en las conmutaciones.

Notemos que en el tiempo hay un flujo constante de cargas a
través del resistor. Es decir, hay un flujo constante de cambio de
cargas en la fuente V_{CC}, o hay una rapidez constante de cambio
de carga de V_{CC} para cualquier instante de tiempo en que se evalúa; es el flujo de cambio en cualquier instante dado por todo el
volumen del resistor. En cambio, el potencial sobre todo y cualquier punto de la superficie del resistor va cambiando entre el
punto en el que ingresa el flujo eléctrico y el punto en el que sale,
es decir entre los terminales (+) y (-) del resistor, pero la integral
de todos los cambios entre esos dos puntos es igual al potencial

de la fuente V_{CC}. Estas observaciones que determinaron las relaciones de cierre de las mallas eléctricas y de los nudos eléctricos, de los puntos de convergencia y divergencia de corrientes, de redistribuciones de cargas, son simples versiones de las que cierran los sistemas resonantes RLC, los sistemas de control, y la Unidad Existencial, **todo derivado de la misma relación primordial**. Igualmente ocurre con la redistribución de cargas térmicas; por una parte, las temperaturas de un mismo objeto son sus indicaciones relativas de su *relación de circulación a rotación (Ξ/e^*)*[Ref. (A).1], y por otra parte, la *temperatura diferencial* es una indicación de la rapidez a la que se redistribuye el calor en la entidad observada.

Debemos enfatizar.

La descripción de una función temporal por Series de Fourier, siendo descripción en función de sus componentes senoidales, es la descripción por sus componentes primordiales, y obviamente esta descripción se hace posible porque la Unidad Existencial se compone de esta manera y permite extenderla al espacio de referencia matemático espacio-tiempo, nuestro espacio elemental binario.

En la Serie de Fourier tenemos una constante, un valor medio sobre el que se superponen todas las componentes sinusoidales. El valor absoluto de la suma de todas las componentes sinusoidales es nulo sobre todo el entorno de convergencia. Notamos que hay una componente fundamental, sinusoidal, de la misma periodicidad de la función temporal original (en el caso de nuestras aplicaciones); pero, en la Unidad Existencial, esa componente fundamental es el resultado natural de la configuración armónica binaria que toma la convergencia en el entorno de Circulación de la Unidad Existencial.

Estos detalles tienen una gran importancia en relación con la Unidad Existencial y con la temperatura absoluta.

Ahora bien.

La Unidad Existencial es una Unidad Binaria, de manera que en relación a cualquier punto de observación tenemos dos entidades generando pulsos de cambio sobre el observador, sobre el detector. Obviamente el punto de observación más simple es uno sobre el plano ecuatorial de la Unidad Existencial, o estando en el hiperanillo ecuatorial observando el cambio en el punto de observación a lo largo de un período de redistribución completo.

De manera que tenemos una secuencia de redistribuciones por las que se mantiene la circulación continua de la Unidad Existencial que se puede describir como ya dijimos por dos pulsos cuadrados inversos.

Los pulsos inversos con respecto a un valor medio se obtienen por los estados límites con respecto al estado medio de dos estructuras, dos universos o dos hiper galaxias como hemos definido a los dos componentes de la Unidad Binaria de la Unidad Existencial.

Esta configuración de dos universos "inversos" es la que da lugar a nuestra versión local de la distribución en la Unidad Existencial, de la versión que en el espacio de referencia matemático llamamos Series de Fourier.

Que dos redistribuciones inversas con respecto a un estado medio sea la estructura fundamental de la Unidad Existencial queda demostrado en la serie que en el espacio de referencia matemático da lugar a la constante matemática $\underline{e}$, a la base de los logaritmos naturales, a la base de la función general de redistribución energética de la que se derivan todas las versiones.

Ver Naturaleza Energética de la Constante Matemática $\underline{e}$.

Las funciones logarítmicas y exponenciales de base $\underline{e}$ son las funciones inversas naturales de la Unidad Existencial.

Todo decae en nuestro entorno (universo) porque otro en-

torno (universo) se expande.

Hasta aquí, ya tenemos las bases para formular la Teoría de Todo; o mejor dicho, para entender que la consolidación que buscábamos ya la tenemos en una expresión como la Serie de Fourier.

Simplificadamente,

para una función f(x) de la variable real $\underline{x}$ en la que f(x) sea integrable en un intervalo (x_0, x_0+P) para números reales x_0 y P, la función f(x) se puede representar en ese intervalo como una suma de componentes senoidales (suma desde n=1 a N),

$$f_N(x) = A_0/2 + \Sigma\ A_n.sen[(2\pi nx/P)+\Phi_n] \qquad \text{para N} \geq 1$$

No es necesario entrar a explorar la Serie de Fourier ya que es ampliamente conocida en las ciencias, y a los demás no nos hace falta ahora más allá de lo que se ha dicho conceptualmente.

Lo que ahora debemos hacer es revisar nuestras interpretaciones que conducen a las incoherencias e inconsistencias inherentes al Modelo Cosmológico Standard.

Significado energético del valor medio V_{MED} o término constante A_0 de la Serie de Fourier.

El término constante en la Serie de Fourier para la Unidad Existencial es el valor medio de la circulación de la UNIDAD DE CIRCULACIÓN, valor medio sobre el que tiene lugar la convergencia de los cambios de toda la estructura de circulación, de la FORMA DE VIDA PRIMORDIAL o de los componentes de la UNIDAD BINARIA de la Unidad Existencial. Ver las Figuras A.12 y A14 en el Atlas.

Este valor medio es definido por la convergencia de los dos dominios de distribuciones primordiales desde la periferia $Z_{LÍM}$ de la Unidad Existencial, y desde el centro o núcleo de redistribución Zn.

Sobre este valor medio tienen lugar las expansiones que conforman nuestro universo, a expensas de la contracción del otro componente de la UNIDAD BINARIA [Alfa-Omega].
Este valor medio es el valor energético del entorno de convergencia con respecto al cual tienen lugar las redistribuciones de los componentes Alfa y Omega para definir el UNIVERSO y el "ANTI-UNIVERSO" (subdominio de energía "oscura" y "anti-materia").

¿Dónde tenemos la hipersuperficie de convergencia análoga a la de la Unidad Existencial cuando describimos una roca por una Serie de Fourier?

Esta hipersuperficie es la superficie de la roca.

La superficie de la roca separa la asociación contenida por ella del resto del universo.

Obviamente no estamos acostumbrados a esta visualización, pero desde la Unidad Existencial la asociación contenida por la superficie periférica de la roca es posible por una cesión desde el resto de la Unidad Existencial.

La roca tiene un entorno de modulación del manto energético que es lo que define el *campo gravitacional* hacia la roca. Este entorno es el *entorno de inserción* de la roca en la atmósfera que la rodea.

La distribución del manto energético, la modulación del manto por la presencia de la roca, es análoga a la distribución de un capacitor cuyas placas son la superficie de la roca y otra superficie que la contiene que está en el infinito.

La distribución contenida por la superficie de la roca es análogo al *campo de inducción* de un inductor; ese campo interno de la roca, como de todos los cuerpos, requiere una redistribución cuando se cambia el estado y, o la dirección de movimiento de la roca. Este cambio es lo que se reconoce como *inercia*.

La superficie de la roca tiene una circulación neta nula en cualquier dirección espacial particular sobre ella, pero es una circulación real cuya magnitud es definida por la asociación interna que se redistribuye a rapidez infinita (inmensurablemente alta) simultáneamente en todas las direcciones espaciales, resultando en una componente nula en cualquier dirección en particular.

Cuando la roca comienza a ser desplazada en una dirección, aparece una componente de circulación neta en un anillo superficial generado por el corte del plano normal a la dirección de desplazamiento y que pasa por el centro de masa de la roca.

Y cuando exploramos una configuración resonante RLC,

¿Dónde tenemos la hipersuperficie de convergencia análoga a la de la Unidad Existencial?

En la configuración resonante RLC la hipersuperficie de convergencia está en el resistor de carga R_L que no es parte del arreglo RLC sino del sistema resonante todo; es el componente por el que se fija una corriente continua de referencia o un potencial de referencia. Esa corriente o el potencial, dependiendo si la configuración RLC es en serie o en paralelo, es análoga a la circulación media de la UNIDAD DE CIRCULACIóN de la Unidad Existencial, o al potencial de la hipersuperficie de convergencia $Z\Phi$.

Nuestro universo es un término de la Serie de Fourier binaria que describe a la Unidad Existencial.

En nuestro entorno energético la serie binaria describe lo que llamamos energía total E, la cantidad de movimiento U o el trabajo T realizado para generar el cambio que se observa en nuestro dominio.

La serie que usualmente nos describe esto se limita a tres términos, y por eso es que nunca podemos precisar los intercambios de energía de un dominio a otro, lo que da lugar al

—

Principio de Incertidumbre.

Regresaremos a los efectos del *Principio de Incertidumbre* en la experiencia del ser humano, más adelante, en la conclusión de esta presentación.

VI

Naturaleza Energética
de la constante matemática e

La confirmación a la mayor inquietud racional de la ciencia, el origen, función de desarrollo, y estado final de nuestro universo, está en la naturaleza energética de la constante matemática e.

Partimos de tener la configuración energética global de la Unidad Existencial, Figuras A15 a A17, algunos detalles energéticos en las Figuras A1 y A5, y el arreglo de distribución del fluído primordial cuya naturaleza binaria y configuración multidimensional de distribución espacio-tiempo está a nuestro alcance y presentamos resumidamente en la sección *Capacitor Binario*) y en detalles en la referencia (A).1, *Antes del Big Bang*.

La configuración de la Unidad Existencial se alcanza por trascendencia racional a partir de la presencia de la sustancia primordial y sus reacciones en sus entornos límites.

La constante matemática e es la relación fundamental entre los dos componentes binarios (espacio y tiempo) de la variable primordial. La variable primordial es la *carga primordial* de la que las cargas eléctricas y térmicas son versiones en subespectros del espectro primordial, y sus asociaciones en un subdominio dan lugar a las *hebras gravitacionales*, y a las hebras de circulación en otro subdominio de asociaciones.

La constante matemática e relaciona el *espacio relativo* que se desarrolla en el tiempo, siempre a expensas de la redistribución de un manto de unidades binarias primordiales.

En cualquier dimensión energética del manto de fluído primordial, el manto que se redistribuye hacia un entorno de convergencia es un volumen infinito (inmesurablemente grande) con respecto al entorno de convergencia.

El entorno en desarrollo es un entorno de circulación que crece, se expande espacialmente, hasta que la aceleración de convergencia sea igual a la de divergencia desde el núcleo del entorno sobre un hiperanillo de convergencia.

La constante matemática es la base de la *Función Primordial de Redistribución Energética* de la Unidad Existencial.

La configuración de la Unidad Existencial, de la distribución del fluído primordial y sus asociaciones que establecen y sustentan el proceso existencial consciente de sí mismo que tiene lugar en Ella, se confirma, precisamente, por la constante matemática e.

La constante matemática e, base de los logaritmos naturales, no es simplemente una constante matemática, un número, sino el valor límite de una interacción real del hiperespacio energético cuando ésta se modela en un espacio de referencia particular.

Recordemos que matemáticas es una herramienta racional para el estudio del proceso existencial, o del proceso UNIVERSO, y su modelación sobre un espacio de referencia; luego, la serie matemática cuyo valor límite es e representa a una *serie* o *hebra e-nergética* de la que la serie matemática es su versión en el espacio de referencia, a pesar de no haberlo reconocido de esta manera. Sin embargo, esta analogía nos ha llegado inconscientemente y tuvo lugar por una razón y mecanismo muy simple que mencionaremos más adelante[a].

Para llegar a la naturaleza energética de la constante matemática e, base de las *funciones primordiales inversas*, logarítmica y exponencial, se requiere haber reconocido la Unidad Existencial como volumen de *cargas primordiales de naturaleza binaria* (volumen absolutamente constante de un contenedor eternamente cerrado ya reconocido y que se expresa en el *Principio de Conservación de Energía*), y haber reconocido la configuración espacio-tiempo de redistribuciones de ese volumen de cargas excitadas continua, incesante, eternamente por la pulsación primordial que se genera en los dos entornos límites $Z_{LÍM}$ y Zn de la Unidad Existencial.

O dicho de otra manera, como ya adelantamos,

el reconocimiento de la naturaleza energética de la constante matemática e confirma, a su vez, el reconocimiento de la Unidad Existencial a la que se haya llegado, pues la constante matemática e es el valor límite, final, que toma una interacción entre dos distribuciones energéticas, dos dominios de asociaciones de partículas primordiales del hiperespacio de existencia multidimensional de naturaleza binaria, alrededor de un valor que es absolutamente constante, inmutable.

Esta interacción, que luego veremos en la serie matemática, es la que corresponde al *Sistema Termodinámico Primordial* cuya estructura define a la *Unidad de Resonancia Primordial*. Un dominio se expande espacial logarítmicamente, a expensas de una contracción exponencial en un entorno del otro dominio, y ambos tomando energía, cargas primordiales, de un manto de fluído primordial que conserva el valor medio absoluto sobre todo el volumen existencial por un proceso a nuestro alcance racional y ya exhaustivamente confirmado.

Esas distribuciones cuya convergencia tiene lugar sobre la unidad elemental absoluta espacial cerrada, el hiperanillo o hebra energética que se representa por la serie matemática, determinan el cambio de la circulación del hiperanillo al final del proceso transitorio de interacción, por una relación entre los dos componentes inseparables de la unidad de circulación binaria.

Ahora bien.

Surgen dos preguntas.

- **¿Cómo hemos llegado al valor correcto de la constante matemática e sin haber reconocido previamente la Uni-**

dad Existencial y su configuración de redistribuciones de cargas primordiales?

- **¿Cómo sabemos que el valor al que hemos arribado es energéticamente el correcto, que es una constante absoluta, primordial?**

Responderemos a la primera pregunta más adelante luego de revisar algunos aspectos de la constante fundamental del proceso existencial y de sus componentes temporales, el proceso UNIVERSO y sus manifestaciones en nuestro entorno energético, por el que se responde a la segunda pregunta. Debemos hacer la revisión de este material teniendo en cuenta que es la primera versión publicada de la consolidación coherente y consistente de la información existencial a través de naturaleza energética de e, de la constante matemática que es la base de la función primordial de la que se derivan todas las versiones que rigen la fenomenología energética en nuestro entorno del universo.

Veamos.

La constante matemática e representa una interacción entre dos dominios infinitos (reales pero inmensurables) de un hiperespacio cerrado; una interacción entre *dos hebras energéticas* que cierran eterna, absolutamente, un entorno finito, o mejor expresado, en otra dimensión de infinidad.

Insistimos en que todo se define sobre un hiperanillo ya presente eternamente cuya estructura y distribución es alcanzable racionalmente y confirmada exhaustivamente; este hiperanillo primordial se genera por la convergencia de dos distribuciones en la Unidad Existencial, pero e es el cambio que ocurre sobre la circulación del hiperanillo, la que sea y a la que se toma como UNIDAD ABSOLUTA. Nosotros nunca evaluamos sino eso, cambios de algo, y que a nivel primordial son cambios de la estructura de Circulación Universal con respecto a una componente inmutable, constante.

¡ATENCIÓN!

En la Unidad Existencial, en el Universo Absoluto,

la convergencia de las distribuciones primordiales determina u-na estructura de circulación, la Unidad de Circulación, que se describe por una super Serie matemática.

La estructura de circulación tiene una <u>distribución base o distribución media</u> del manto u océano de sustancia primordial, que es la referencia inmutable de la Unidad de Circulación que oscila entre dos estados límites, y desde, y sobre la que tienen lugar todas las versiones o dimensiones temporales de redistribución energética en todos los entornos espaciales y temporales de la Unidad Existencial.

La constante matemática e es un valor límite, constante absolutamente, de una interacción inherente a la Unidad Existencial, a su configuración de redistribuciones de las cargas, de las rotaciones de la sustancia primordial y sus infinitas generaciones de asociaciones partiendo desde las primeras, las partículas primordiales; configuración que tiene lugar como dos estructuras o dominios de asociaciones sobre una portadora común con diferentes constantes de tiempo, o rapideces de redistribución, y cuyas interacciones establecen, definen y sustentan la estructura de circulación sobre cuyo valor medio inmutable tiene lugar el valor límite e.

La serie matemática cuyo valor límite es e es la componente fundamental de la super Serie que describe a la Unidad de Circulación (descripción por una super Serie de Fourier).

Como ya veremos, la constante matemática e nos da la relación entre el *espacio relativo* y nuestra versión del *tiempo primordial*.

No importa las versiones de espacio relativo y tiempo que ponderemos, esta base e de la relación entre ambos es inmutable, pues es la base de las versiones absolutas de espacio y tiempo sobre la que se modulan todas las demás.

Nosotros, la especie humana, tenemos las versiones abso-

lutas de espacio y tiempo en nuestro espacio de referencia matemático.

Espacio y tiempo son los dos componentes inseparables de la variable primordial de naturaleza binaria del hiperespacio de existencial.

La variable primordial es la *carga* o la cantidad de rotación del elemento de espacio absoluto. De esta carga es versión la carga eléctrica que reconocemos y manipulamos en nuestro entorno energético.

Esta relación primordial entre las versiones locales de espacio y tiempo dada por e̲ es, entonces, la base de la *Función Patrón Primordial de Redistribución de Cargas*, de la función primordial absoluta de la que se generan todas las versiones, funciones particulaes por las que se describen las redistribuciones espaciales y temporales de las unidades de cargas binarias de todo el volumen de cargas de la Unidad Existencial en todos sus entornos.

Sobre esto último, no necesitamos ninguna confirmación adicional pues todo, absolutamente todo en nuestro universo se reenergiza o se recarga, y decae, evoluciona o se descarga, según alguna función exponencial o su inversa, la función logarítmica. Todas las funciones, las relaciones entre dos variables relativas de nuestro entorno energético, naturales o generadas por el ser humano, son alguna versión de combinaciones, de series, entre los dos límites que puede tomar una función logarítmica: una recta (horizontal o vertical) y una curva cerrada perfecta, una circunsferencia.

Regresemos a nuestro espacio de referencia.

Veamos algo sobre espacios energéticos binario y unario, y su representación en el espacio matemático de números racionales.

Aunque nuestro espacio matemático de referencia es una versión muy simple frente a la colosal versión real del espacio en la Unidad Existencial, el valor de e̲ es el mismo y único, pues es la misma y única constante válida en toda y cualquier dimensión energética o versión a partir de la versión primordial que nosotros ya tenemos representada en el conjunto de números fraccionarios. Los números fraccionarios son entidades binarias [por ejemplo, dos números o componentes inseparables (3 y 4) definen la entidad fraccionaria (3/4); y algo más importante, como veremos luego, es que cada componente (3 y 4 en este ejemplo) de la entidad fraccionaria (3/4) representa a una colección infinita de números (6,12, 24... ; y 8, 16, 32... respectivamente) cuya relación resulta en la misma entidad fraccionaria (3/4)].

Enfatizamos que e es la única versión de la que se derivan todas las demás en todas las dimensiones energéticas de la Unidad Existencial o Universo Absoluto, del hiperespacio multidimensional de naturaleza binaria que se establece y define por la presencia de sustancia primordial y sus asociaciones, las partículas primordiales, las unidades de *carga primordial*.

La naturaleza binaria del universo, o del entorno de la Unidad Existencial que alcanzamos desde la Tierra, está implícita en el modelo espacio-tiempo del mismo.

Como ya mencionamos, estas dos variables, espacio y tiempo, son los dos componentes inseparables de una unidad binaria, la *unidad de carga primordial*, aunque espacio puede ser luego una de las diferentes versiones o variables relativas en nuestro entorno o dimensión energética. Siendo componentes de una unidad binaria, espacio y tiempo son interdependientes, lo que se hace muy evidente luego al conocer la estructura de configuración de redistribuciones de la Unidad Existencial; un mismo volumen de espacio primordial tiene diferente *masa absoluta media* en los diferentes entornos del manto energético en el que se observa; y la misma cantidad de carga de un volumen de espacio primordial tiene diferente tiempo de redistribución o de evolución en diferentes entornos del manto energético en los que se observa y evalúa.

A pesar de esta relatividad a nivel de la distribución primordial, hay una estructura de circulación inherente al volumen de cargas constante de una unidad cerrada eternamente, sobre la que se verifica o tiene lugar una interacción cuyo valor límite es la constante matemática e, constante absoluta por la que se rigen naturalmente todas las redistribuciones dentro de la Unidad Existencial cerrada eternamente pues e se define sobre el hiperanillo primordial sobre el que tienen lugar las interacciones de dos dominios binarios en el nivel absoluto de sustancia primordial.

Todos los arreglos de cargas, en las diferentes dimensiones de sus asociaciones, son asociaciones de unidades de cargas primordiales que se han regenerado o recargado sobre un entorno inmutable, en Z_n, por un proceso que es absolutamente igual para todas las unidades de cargas, y se descargan en otro entorno absolutamente igual para todas las unidades de cargas, en $Z_{LÍM}$, y sus redistribuciones convergen sobre un entorno cuyo valor medio es inmutable, igual al valor medio de las cargas y descargas. Sobre este valor inmutable es que tiene lugar el incremento (o decremento) sobre el que se evalúa el cambio de asociación dado por la interacción que se representa por la secuencia de operaciones, por la serie matemática cuyo valor límite es e.

Desde el punto de vista de función existencial, las hebras energéticas pueden tener la dimensión volumétrica y cantidad de elementos que se deseen, pues el valor límite e no depende de esas dimensiones ya que está dado para la dimensión de infinidad más grande sólo alcanzable en la Unidad Existencial.

La infinidad más grande de una colección de elementos binarios se alcanza en el *espacio energético unario* **representados por el espacio de números racionales (que incluye a los números enteros y fraccionarios).**

Destaquemos lo siguiente.

Todo el dominio que converge desde $Z_{LÍM}$ hacia el hiperanillo y todo el dominio que converge desde Zn, es decir, las dos colecciones infinitas de *cambios de unidades de cargas binarias* que llegan al hiperanillo, se representan como una hebra energética en la serie matemática, y los *cambios de circulación* en el hiperanillo, se representan por otra hebra.

La relación entre estas dos hebras es la constante matemática e.

Sobre el hiperanillo tiene lugar un proceso de interacción que se describe como una función de intercambios cuyo valor neto tiende a un límite, que es e, luego de un período primordial que en realidad es un período transitorio de la secuencia eterna del proceso existencial.

Posteriormente mostraremos que la constante matemática e es inherente a un hiperanillo de convergencia de redistribuciones de infinitas componentes en infinitos subperíodos de un período de redistribución de la Unidad Existencial. Esta estructura de redistribución tiene lugar realmente en la configuración espacial de la Unidad Existencial y su configuración espacio-tiempo de sus redistribuciones en "capas de cebolla", en estructuras de asociaciones de sustancia primordial con una componente portadora e infinitas componentes que luego visitaremos.

La versión más simple de la estructura de circulación energética real de la Unidad Existencial tiene lugar en nuestro espacio de referencia sobre un anillo, que en el límite inferior sólo puede ser una circunsferencia, como ya intuímos.

La Identidad de Euler es el reconocimiento de que una estructura de infinitas componentes senoidales que convergen a un entorno generan una circulación de ese entorno, y su cantidad de circulación, la masa del entorno, tiene una relación exponencial o logarítmica con el tiempo o período du-

rante el que tiene lugar esa convergencia.

El anillo primordial de la Unidad Existencial sobre el que tiene lugar la interacción cuyo valor límite es la constante $\underline{e}$ es análogo en nuestro dominio energético a una partícula infinitesimal sobre la que convergen dos redistribuciones de un dominio de cargas a lo largo de sus ejes polares, y todo inmerso en otro dominio de cargas. Recordar la Ley de Ampere, una versión muy simple del hiperanillo de circulación en la Unidad Existencial.

La analogía previa es válida gracias a las propiedades topológicas inherentes a un volumen cerrado de cargas primordiales; propiedades exhaustivamente confirmadas en nuestro universo.

Ahora sí, vamos a la primera pregunta,

¿Cómo hemos llegado al valor correcto de la constante matemática $\underline{e}$ sin haber reconocido previamente la Unidad Existencial y su configuración de redistribuciones de cargas primordiales?

El proceso racional del ser humano, del proceso SER HUMANO, es un subespectro del proceso existencial[Refs.(A).1, 3 y 4], de manera que inconscientemente sigue estimulaciones desde su proceso ORIGEN, desde el proceso existencial consciente de sí mismo, ya sea éste el proceso UNIVERSO o Dios, como se lo reconozca y cualquiera que sea el mecanismo por el que llegamos a esta manifestación temporal: creación para unos, evolución para otros.

Una de esas estimulaciones primordiales es la que condujo a la Identidad de Euler; otra estimulación es la que guió a Jacob Bernoulli[(a)], de la que tenemos una versión simple en la sección AT III del Atlas, y de la que luego, en esta sección, veremos una revisión más profunda.

NOTA.
No hemos reconocido que nuestra mente es parte de la Mente Universal, de la mente de Dios, de la componente consciente de

---

84

sí misma del proceso existencial, de la FUNCIÓN EXISTENCIAL CONSCIENTE DE SÍ MISMA que es un subespectro de la función existencial.

Debemos diferenciar entre *proceso existencial*, que es el conjunto de redistribuciones e interacciones energéticas, y la *función existencial* que es la descripción de los componentes y sus relaciones de interacción entre ellos.

Quienes estudian y exploran el manto energético universal como una estructura de intermodulación pueden introducirse a esta relaciónentre las mentes del proceso SER HUMANO y la del proceso UNIVERSO [Ref.(A).4] que es componente del proceso existencial. La intermodulación del manto espacio-tiempo es una versión mucho más compleja que la de nuestros sistemas de transferencia y procesamiento de datos, pero podemos aproximarnos a través de las componentes portadoras de la intermodulación del manto universal.

Antes del "disparo" del Big Bang.

Los dos aspectos fundamentales para cruzar la barrera de espacio y tiempo al momento antes del inicio mecánico de nuestro universo son,

- *"Nada puede expandirse sobre la nada";*
- *"Ningún proceso energético real puede dar lugar a nada más inteligente que la referencia ni que el algoritmo por el que se rige el proceso",*

luego, necesitábamos reconocer la presencia, la fuente que dio lugar a la energía disponible para el Big Bang, y a la inteligencia que rige el proceso UNIVERSO[Ref.(A).1].

Ya llegamos a ambos.

Ahora estamos en el proceso de confirmar nuestro reconocimiento por la consolidación coherente y consistente a que la Unidad Existencial que reconocimos da lugar.

Mantengamos siempre presente en mente que la constante matemática e relaciona el *espacio relativo* que se desarrolla en el tiempo, siempre a expensas de la redistribución de un manto de unidades binarias primordiales.

En cualquier dimensión energética del manto de fluído primordial, el manto que se redistribuye hacia un entorno de convergencia es un volumen infinito (real pero inmesurable) con respecto al entorno de convergencia.

El entorno en desarrollo es un *entorno de circulación* que crece, se expande espacialmente, hasta que la aceleración de convergencia desde el exterior, desde el "infinito" desde todas direcciones radiales, sea igual a la de divergencia desde el núcleo del entorno sobre un hiperanillo límite de convergencia.

Este hiperanillo límite de convergencia es una hebra espacial, una hebra energética, y una hebra funcional, es decir, un arreglo de operaciones, de intercambios e interacciones entre arreglos de energía o de asociaciones de sustancia primordial.

La serie matemática cuyo valor límite es e no es otra cosa que una representación de esa hebra de operaciones sobre el hiperanillo límite en el espacio de referencia matemático.

¿Qué justifica esta correspondencia entre la serie matemática y la hebra energética?

Ya lo vimos en el espacio de referencia matemático como una versión real de la dimensión elemental del espacio absoluto.

¡ATENCIÓN!

Algo que debemos agregar es que en un espacio topológico, *continuo, conectado, convergente*, de unidades binarias de rotación, de cargas, una función existencial se conserva bajo diferentes formas espaciales en diferentes dimensiones energéticas; y que una serie o *hebra de función*, una secuencia de operaciones, describe operaciones entre volúmenes y no necesariamente limitadas a hebras espaciales.

Ahora bien.

La materia se recrea, es decir, las asociaciones de sustan-

cia primordial, siguiendo una función inmutable siempre presente en otra dimensión energética; función que ya ha sido descripta por la ciencia en el espacio de referencia matemático (versión elemental del hiperespacio energético multidimensional de naturaleza binaria) y exhaustivamente confirmado en nuestras aplicaciones en el subespectro electromagnético (ELM).

Tenemos el mecanismo de recreación y la inteligencia a la que obedece o se subordina el proceso de recreación, y las leyes que lo rigen.

Recrear la materia es el resultado de una reasociación de elementos primordiales que tiene lugar en nuestro dominio energético de detección y discriminación; reasociación que tiene lugar a expensas de otro dominio al que no llegamos con los sentidos sino con la instrumentación a través de la integración de sus redistribuciones que se reciben como ondas (de masa real inmensurable) sobre entornos particulares de convergencia cuyas características de pulsación permiten la integración, asociación. Tenemos fenómenos simples de este proceso de integración de pulsación en el espectro visible en los vegetales. Este proceso es llevado a cabo por una compleja hebra funcional que se desarrolla a partir de una hebra funcional primordial, de la relación e interacción que se describe en el espacio de referencia matemático por la serie cuyo valor límite es $\underline{e}$.

Correspondencia entre la serie matemática y la hebra energética.

Revisitación.

Nuestro espacio numérico es una representación de la colección de infinitos objetos del espacio de existencia.

Cuando representamos un objeto, una entidad existencial o una entidad energética, una asociación de sustancia primordial, por un número, por un símbolo del espacio numérico, lo hacemos por medio de sus características que se manifiestan sobre la superficie que contiene a la asociación que le define.

El mismo espacio numérico, la misma colección de símbolos, se emplea en un espacio de referencia para modelar el espacio energético universal, la entidad espacio-tiempo de naturaleza binaria.

En el espacio de referencia, espacio geométrico cartesiano o polar representamos las *distribuciones espaciales* mediante distribuciones espaciales con respecto a un origen. Las variaciones las representamos en otro espacio, en otro gráfico, en el que se describe el desarrollo o la variación de la distribución espacial en el tiempo. Usualmente describimos un aspecto de la distribución espacial o de la asociación material (temperatura, presión, masa).

Así, una representación de una distribución espacial es una "foto" del proceso en el instante en que se saca la foto.

Pero, el proceso existencial no se detiene jamás; es eterno, continuo, a una rapidez o flujo existencial que se pondera en relación al hiperanillo de convergencia primordial de la *Unidad de Circulación* que el volumen de cargas primordiales de la Unidad Existencial establece y sustenta naturalmente.

Luego, la poderación del proceso existencial dependerá de la rapidez relativa a la de la Unidad de Circulación, a la del *Sistema Termodinámico Primordial* establecido y definido sobre el hiperanillo de convergencia[Ref.(A).1].

La relación primordial de rapidez relativa es dada por la constante matemática e.

Dicho en otras palabras,

La constante matemática e nos proporciona la base de la función para evaluar el cambio de rapidez primordial de todo entorno de circulación natural con respecto a la componente absolutamente constante de la *Unidad de Circulación*, con respecto a UNO Absoluto.

Esa rapidez con respecto a la Unidad Absoluta cambia con los parámetros locales dados por los gradientes que son parte del exponente de la base e.
Destacamos lo siguiente.

La constante matemática e es no sólo el valor límite de una secuencia de operaciones, de interacciones, sino también el valor final de un proceso transitorio de redistribuciones energéticas que se representan por los elementos de la serie. (Regresaremos a esto luego, al revisitar la serie matemática).

Dos hebras energéticas primordiales opuestas convergiendo a un hiperanillo de convergencia determinan la circulación de ese hiperanillo, es decir, determinan el flujo de entretenimiento de disociación y asociación neto que resulta de esa convergencia.

Las hebras son redistribuciones opuestas de dos subdominios primordiales de asociación de cargas que convergen en ese entorno.

[Dos subdominios D_1 y D_2 convergen sobre el hiperanillo límite hΦ, ver Figuras A1, A5 y A15 en el Atlas, y definen el dominio material, el dominio de circulación (k) en la Unidad Existencial].

El entorno es cerrado por el hiperanillo de convergencia [o por la hipersuperficie de convergencia (en tres dimensiones espaciales) de la que ese hiperanillo es el preferencial o el de convergencia de la hipersuperficie].

Frente a un cambio en la configuración de convergencia en el manto energético, la *aceleración máxima* del cambio en el hiperanillo de circulación de esa convergencia por período de circulación es e; y toda versión en una de las dimensiones del manto energético, que depende de sus parámetros, es una función exponencial de base e.

La función exponencial depende de los parámetros de la convergencia con respecto al caso primordial en el que la aceleración es e. Los parámetros hacen decrecer (o crecer) el tiempo desde el período inicial en relación con los gradientes de las redistribuciones convergentes.

Todo esto es dicho por la serie matemática que representa a la hebra energética primordial, y es confirmado exhaustivamente en la fenomenología energética universal y replicado en nuestras aplicaciones en el subespecto electromagnético.

Algo más acerca de la representación de los elementos de una hebra energética por los elementos de una serie matemática.

Preparándonos para revisitar la serie matemática que representa a la aplicación financiera que dio lugar al valor límite de la serie.

Algo más sobre la estimulación primordial que recibe la mente humana desde la Mente Universal.

Recordemos algo que ya mencionamos.

Nuestro espacio numérico es una representación de la colección de infinitos objetos del espacio de existencia.

Cuando representamos un objeto, una entidad existencial o una entidad energética, una asociación de sustancia primordial, por un número, por un símbolo del espacio numérico, lo hacemos por medio de sus características que se manifiestan sobre la superficie que contiene a la asociación que le define.

Ahora destacamos lo siguiente.

A la superficie que lo identifica, a la *superficie de identidad*, converge todo lo que contiene y todo lo que existe fuera de ella.

Todo objeto que tiene identidad propia frente al resto del

universo es una asociación cerrada por la superficie de convergencia, la *superficie de circulación*; y <u>toda la información de la asociación que está presente en esa superficie</u> se transfiere a la superficie de convergencia de interacciones de la identidad temporal del ser humano con otro dominio de la Consciencia Universal que resulta en nuestra consciencia (en realidad, en nuestro acceso a la estructura de la Consciencia Universal).

La consciencia es resultado de interacciones de hipersuperficies de información que se generan alrededor de un centro de redistribución que provee diferentes constantes de tiempo para sus hipersuperficies o "capas de cebolla". La información en diferentes constantes de tiempo se requieren para mantener la secuencia del proceso existencial en los entornos de recreación de las unidades de la Consciencia Universal[Refs.(A).1, 3 y 4].

Ahora regresemos a las hebras energéticas y las series matemáticas.

Las series describen una secuencia de operaciones matemáticas que representan una operación o función mental en función del tiempo.

Nada ocurre que no sea una secuencia temporal, una redistribución energética temporal, no importa qué tan breve pueda ser.

Dentro de la mente hay un proceso real que toma tiempo en reconocer los símbolos (los números) y las operaciones y su ejecución conforme a la secuencia indicada por la serie.

Una función energética que describe el desarrollo de una asociación de cargas o de partículas primordiales es una secuencia en el tiempo que puede verse como una variación de volumen (lo que incluye el desplazamiento, un incremento de volumen lineal o en una dimensión espacial), o un cambio de posición (debido a una hebra energética en el manto en el que se halla el objeto o la partícula de prueba que cambia de posición) con respecto a una posición de referencia.

Si la función se describe por la relación entre dos variables para un período de tiempo genérico T=1 veremos una expresión que es "independiente" del tiempo (lo que nunca es real). Esa función describe las posiciones o los cambios que ha habido a lo largo de un período desconocido o genérico T=1. Veremos una representación de los valores tomados por la variable dependiente en funcieon de la variable independiente en todos los instantes de una función en el tiempo que no se explicita, pero se lleva a cabo entre las posiciones inicial y final que se describen.

Cuando en la aplicación en el mercado financiero planteamos la serie del cambio de principal (P) en la búsqueda del interés (I), partimos del cambio o integración de interés sobre las unidades de principal e interés (hacemos P=1, e I=1), para normalizar la aplicación.

Ya lo mencionamos pero traemos a la mente otra vez.

La serie matemática cuyo valor límite es e nos describe un cambio de un proceso cerrado pre-existente, con una inteligencia pre-determinada.

El proceso está cerrado en el tiempo o período inicial T=1, y para una cantidad de circulación definida por la interacción entre el principal (P) y el interés (I).

La inteligencia es dada por el ser humano en el Banco; es la inteligencia que rige el proceso de interacciones entre el principal (P) y el interés (I).

La unidad de convergencia de esta aplicación, el principal (P), es algo ya presente previamente, y el interés (I) está disponible para el nuevo proceso en el que vamos a cambiar el período T=1 a n períodos (cuando que n→∞) para la integración del interés (I) al principal (P).

Esta unidad de convergencia, el principal P=1, se define por lo que converge a la estructura de circulación, el Banco, desde ambos "lados", desde el interior, las unidades de "carga", el dinero de los inversionistas, el principal (P), y desde el exterior, las unidades de "carga", el interés (I), el dinero fruto del mercado de trabajo.

Definitivamente, sin ninguna duda, con el ejemplo de la aplicación de intéres financiero estamos planteando, sin haberlo reconocido inicialmente de este modo, a un proceso energético fundamental del hiperespacio de existencia.

¿Cómo sabemos que es real, que es válida esta analogía?
Ya lo vimos.

Pues, porque nos conduce a la base e, la base de la *Función Primordial de Redistribución Energética* del universo, a la base de todas las componentes temporales que conforman la expresión general, la super Serie que gobierna la re-energización y evolución de todas las asociaciones energéticas, sus interacciones, y la evolución del fluído primordial que permite y sustenta TODO LO QUE ES, TODO LO QUE EXISTE.

El problema está en que no habíamos reconocido que esta aplicación es el resultado de una estimulación primordial, de una inducción natural que tuvo lugar y guió inconscientemente el proceso racional que nos condujo a la constante primordial del proceso existencial.

La constante matemática e es la base de las funciones primordiales inversas, las funciones logarítmica y exponencial.

Ahora bien.

¡ATENCIÓN!

Por una parte,

y como vimos antes, las funciones existenciales pueden tomar diferentes formas espaciales gracias al isomorfismo de la función primordial que describe a la Unidad Existencial.

La función primordial que describe a la Unidad Existencial cerrada eternamente se mantiene en todos sus entornos cerrados temporalmente.

Una función de una variable binaria puede tomar una forma espacial mientras que en el tiempo es inversa, lo que hace que en un momento dado la componente espacial en nuestro dominio cese deje de verse o se disocie, pero no por ello cesa la función temporal que sigue teniendo lugar en otra dimensión de asociación.

Es lo que ocurre con el proceso SER HUMANO.

Por otra parte,

debemos acostumbrarnos a tomar las estructuras materiales como asociaciones de sustancia primordial (pasando por todas las generaciones de asociaciones hasta los átomos y meléculas en nuestro dominio) como entidades que se reconocen por sus hipersuperficies de convergencia, por sus superficies sobre las que convergen los movimientos desde el interior y los de todo el resto del universo desde afuera de las superficies.

Lo antes dicho es literalmente real, pues para una misma roca, por ejemplo, aunque sigue siendo una roca frente a nuestros sentidos tiene diferente estructura de asociación dentro de ella en diferentes entornos del manto energético; ni siquiera los más refinados instrumentos pueden aprecir algún cambio al pasar de un entorno a otro.

Todo cambio en el manto energético, todo cambio en el entorno de inserción del material en el manto (cambio en la "atmósfera de gravedad" del objeto) induce un cambio interno y en la superficie. El ejemplo más discriminable es cuando cambiamos la temperatura del manto por la que cambia el volumen del material debido al cambio en su estado energético interno; conforme cambia la temperatura va cambiando la pulsación de la superficie hasta que emite luz si está muy caliente.

Sobre la superficie del material converge una redistribución externa y otra interna.

Dentro del material hay una estructura de circulación que tiene mayor densidad que la circulación fuera de ella; y la superficie no tiene ninguna circulación neta en ninguna dirección espacial particular sobre ella, o puede decirse que tiene una pulsación "infinita" en todas las direcciones espaciales sobre ella de una longitud de onda "nula" (no visible) de frecuencia muy alta (en un subespectro no detectable por los sentidos).

Si una disociación en el manto energético hace cambiar la pulsación del manto (digamos que aumenta la temperatura), esa pulsación se transfiere al interior del material y comienza a cambiar la pulsación interna.

Luego, cambia también la circulación sobre la superficie.

Esta circulación cambia hasta cuando la convergencia externa es igual a la divergencia desde el interior.

La temperatura es indicación de cambio de la relación (Ξ/e*) en el manto que se transfiere al objeto por la pulsación primordial.

La temperatura es un cambio en el nivel primordial de la relación (Ξ/e*), pero la ponderamos por los efectos en el subespectro infrarrojo.

Si hay disociación que converge al material significa que hay una mayor rotación convergiendo al material, que se transfiere por los intersticios de la estructura de circulación de la superficie al interior, por los electrones libres y las partículas primordiales, y de allí hay una asociación cuyo efecto se transfiere hacia el exterior, lo que reduce el espacio intersticial en la superficie (reduce la densidad de rotación disponible) no dejando pasar más rotación Ref.(A).1 .

El intercambio se detiene cuando sobre el arreglo de circulación (sobre el material) la rotación que converge desde el manto energético se hace igual a la rotación que diverge desde el centro del material (o que converge a la superficie). Es decir, a la superficie de convergencia del material, a la superficie externa que vemos del material, converge la rotación del manto en dos dimensiones diferentes de reasociación dadas por el entorno de inserción del material, y por la estructura interna (la inercia o inducción interna).

Proceso existencial.

Tiempo.

El *proceso existencial* es compuesto por todas las redistribuciones de energía, la re-energización de las estructuras materiales, sus disociaciones, reasociaciones, y las interacciones entre estructuras de información y las comparaciones entre sus efectos en diferentes entornos y tiempos que tienen lugar dentro de la Unidad Existencial, del Universo Absoluto del que nuestro universo es uno de sus componentes. Estas últimas, interacciones y comparaciones, sustentan la Consciencia Universal que tiene lugar sobre un subespectro del proceso existencial.

El proceso existencial se reconoce, explora y pondera como, y por una secuencia continua de cambios que tiene lugar sobre una estructura o partícula de prueba.

Esta secuencia se mide por la cantidad de cambio de una entidad de referencia; en nuestro caso, en nuestro entorno energético de la Unidad Existencial, es por la cantidad de pulsaciones de un átomo de cesio (Cs).

El *tiempo primordial* se mide por la cantidad de rotaciones de una partícula de referencia natural que se encuentra sobre el hiperanillo de convergencia límite de la Unidad Existencial.

Nuestro tiempo es simplemente una medición muy relativa de la cantidad de proceso transcurrido para generar un cambio dado en una estructura de prueba con respecto a una referencia.

¡ATENCIÓN!

El tiempo, la cantidad de pulsaciones de la entidad de referencia, el átomo de cesio, depende del manto energético en el que se sustenta el átomo.

Analogía entre la acumulación de "carga" o de interés en el mercado de dinero, y de masa, carga o rotación en el manto energético universal.

Vamos a presentar un resumen revisado de los aspectos más importantes de la analogía entre el mercado de dinero y el manto e-nergético primordial. En el mercado de dinero, sus *unidades de circulación*, el dinero, son unidades representativas unidades de circulación (partículas materiales) sobre las que ponderamos el trabajo realizado por el cambio de unidades de cargas primordiales en los diferentes subespectros (ultravioleta, electromagnético, infrarrojo, mecánico).

NOTA.
En la sección AT III del Atlas presentamos la versión inicial de la relación entre el manto del mercado de dinero y el manto energético. Aquí, luego del resumen, deseamos enfatizar más en aspectos fundamentales del proceso existencial asociados con la constante matemática e.

Un aspecto realmente importante para mencionar inicialmente es que la naturaleza energética de la constante e nos muestra nada menos que el *proceso de adquisición de masa* por integración de rotación en un volumen de sustancia primordial o su asociación, la partícula primordial, y sus sucesivas asociaciones; o sobre sí misma en una partícula primordial en sucesivos períodos de integración.

El proceso de acumulación de interés en el mercado de dinero es absolutamente análogo al proceso de acumulación de carga, de rotación extra en la partícula de carga del manto energético universal.

Obviamente la constante matemática e se define como el valor límite de un proceso de redistribución cerrado durante un período T de acumulación de Interés (I) en el Principal (P) [(I) es la cantidad de dinero disponible desde el "manto" o mercado de trabajo a ser ganado o acumulado] tal como ocurre con una cantidad de carga disponible en la estructura energética del manto universal de unidades de cargas dada por una presión o potencial mayor que la de la estructura que va a integrar esa disponibilidad; es el límite cuando ese período de disponibilidad T del interés o de la carga extra se subdivide en un número n de subperíodos que tiende a infinito.

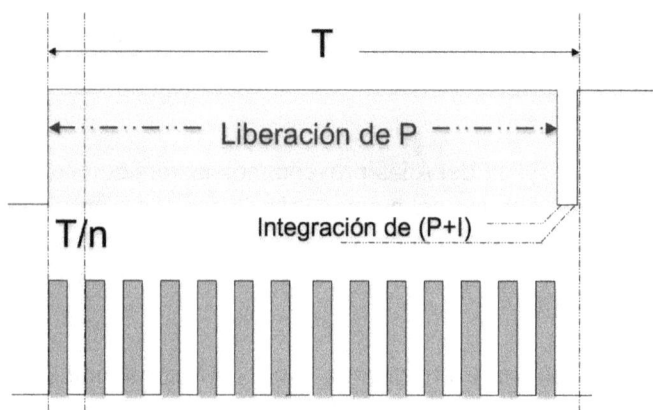

Figura Secc.VI.(i).

La inteligencia de la estructura de circulación (ser humano en el Banco) determina el algoritmo de circulación para el período T. Al aumentar n, la cantidad (1/n) que se integra a la estructura de circulación tiende a cero. Lo que ocurre, QUE NO ES EXPLÍCITO EN LA EXPRESIÓN DE LA SERIE, es que la cantidad (P+I) crece al máximo que puede manejar la estructura de circulación.

El cierre del proceso tiene lugar sobre la misma partícula sobre la que se inicia el proceso de acumulación o integración; sobre el Principal en el caso del mercado de dinero, o sobre la estructura energética o arreglo de unidades de cargas (primordiales, eléctricas, térmicas) en el caso del proceso UNIVERSO.

El Principal proviene del dominio de inversionistas, de un dominio de asociación de dinero que se "disocia" o entrega al manto de unidades de dinero, al mercado de dinero; y éste lo devuelve con un interés, con una acumulación ganada en cada subperíodo de intercambio de un período de liberación de interés.

Destaquemos una vez más que hay un período T largo en el que se "libera" una cierta cantidad de dinero o de "cargas" hacia el manto energético, y un período no tomado en cuenta, muy pequeño, al final del período T, cuando se integra el interés dsiponible (I) al principal (P); pero ese período T es luego dividido en un número n de subperíodos, número que tiende a infinito. Es decir, aumentando el número n de subperíodos de subproceso dentro del período T estamos incrementando la rapidez a la que tiene lugar el proceso de integración de interés al principal (P), o de cargas en el arreglo de unidades de cargas, regreso al Banco en el que se integra el interés y luego se disocia, se devuelve el nuevo principal (P+I) al mercado (aunque en la práctica el principal permanece en el "manto energético", en el mercado de dinero).

El Banco es la analogía de la estructura de convergencia de disociación desde el dominio de inversionistas y de asociación desde el mercado de dinero.

El Banco tiene la inteligencia inherente a la estructura de circulación, en este caso dada por el proceso SER HUMANO en el Banco.

El aspecto fundamental de esta analogía es que la serie matemática cuyo valor límite es e representa no sólo a una *serie o hebra energética* cuyo valor límite es e, sino al valor final de una hebra operacional, de una función energética real.

¿Dónde está esta hebra energética y hebra operacional en la

aplicación financiera?

- **En el Banco**.

  Como ya dijimos, la hebra operacional, la función o algoritmo de proceso o inteligencia de interacción es suministrada por el proceso SER HUMANO en el Banco; es una hebra definida por el proceso desde el instante en que el Banco recibe el dinero del inversionista, el principal (P), lo pone al mercado, y comienza a procesar el interés (I), la acumulación sobre el principal al cabo de cada período T, o de cada subperíodo $\underline{n}$ del período T cuando cambia de interés simple a interés compuesto.

  El principal cierra el proceso sobre sí mismo en cada período T de disponibilidad de interés, usualmente es un año, período subdividido en $\underline{n}$ subperíodos.

  Notemos que T define una "longitud" del proceso inicial, o la rapidez a la que tiene lugar; y $\underline{n}$ es un incremento en la rapidez del proceso de integración de interés al principal con respecto al proceso previo.

- **En la Unidad Existencial,**

  la hebra es el hiperanillo límite de la estructura de circulación; es el hiperanillo al que convergen todas las disociaciones y reasociaciones del manto energético universal; es el hiperanillo de convergencia de las redistribuciones de los dos dominios de asociaciones de la sustancia primordial; del subdominio dentro de la hipersuperficie de convergencia cuyo hiperanillo de convergencia es el anillo ecuatorial, y del subdominio fuera de la hipersuperficie de convergencia;

- **En la serie matemática,**

  la hebra es un hiperanillo binario en la estructura de números racionales al que convergen disociaciones ($1/\infty$) y asociaciones hasta (∞) sobre un manto de unidades UNO;

  la serie es una suma de números fraccionarios, una serie

binaria en la que un dominio es la de todos los denomina-
dores y el otro es el de su suma; la suma va creciendo a
una rapidez mientras el numerador decrece hacia (1/∞) a o-
tra rapidez... hasta que el proceso se detiene en un valor límite cuando el efecto neto de la disociación dada por el de-
nominador y el crecimiento de la suma se anula.
¡ATENCIÓN!
**Sobre este último aspecto es que vamos a dedicarnos
un poco más en la última parte de esta sección.**

El principal (P) es análogo a una partícula primordial inmersa
en el manto energético universal; es análogo a una célula energética, átomo o galaxia, sobre la que converge una redistribución a
la que se evalúa por los efectos sobre una partícula ubicada en el
hiperanillo de convergencia.

**La naturaleza de e, la base de los logaritmos naturales, es
el valor límite absolutamente constante que resulta de la interacción entre dos dominios infinitos (finitos pero inmensa-
mente grandes, inmensurables) de redistribuciones de rotaciones que convergen sobre la unidad primordial de circulación, el hiperanillo de convergencia de los dos dominios interactuantes, y el efecto se pondera sobre una partícula del
hiperanillo.**

**Generación de las expresiones racionales o funciones tempo-
rales en nuestra dimensión de tiempo.**

Relación Espacio-Tiempo.

La expresión racional de la serie matemática que representa a u-
na hebra energética o a una función real en el hiperespacio de e-
xistencia, y cuyo valor límite es la constante e determinado en re-

lación a la aplicación financiera de cálculo de interés compuesto, es la siguiente,

Balance final subperíodo n = $[1+(1/n)]^n$.Balance inicial   [1]

donde llamamos balance (B) al principal (P) [análogo a la masa energética], para un interés Uno (1) o 100% del principal (P) en el período T o (1/n) en cada subperíodo n̲ de T, y teniendo en cuenta que aquí también el principal (P) es considerado Uno (1), es decir, en [1] tenemos una expresión normalizada.

La expresión [1] como serie o como función factorial se escribe de la forma siguiente,

B = [(1/0!)+(1/1!)+(1/2!)+(1/3!)+(1+4!)+···+(1/n!)]   [2]

que resulta ser,

e = 2.718... para n→ ∞   [3]

Notemos que e̲ es el límite de las operaciones encerradas por el corchete en [1] o [2]; luego, la forma correcta de re-escribir a la expresión [1] es la siguiente,

$B_{FINAL} = e.B_{INICIAL}$ [4]

que describe la relación entre los balances final e inicial para un período T subdividido en n̲ subperíodos y n̲ tendiendo a infinito.

Si volvemos a considerar otro período T de adquisición de interés, o mejor, un número t de períodos T subdividido en n̲ sub-períodos, tenemos la expresión general,

$B_{FINAL} = B_{INICIAL}.e^t$ [5]

Esta expresión [5] de la relación entre los balances final e

inicial es válida mientras cada unidad de t pueda ser subdividida en infinitos subperíodos puesto que esta es la condición natural para la que es válido el valor límite e (2.718...). Obviamente esta condición sólo se da en el proceso existencial.

El interés (I) se subdivide infinitamente [dado por la expresión (1/n) mientras nuestra unidad de la variable tiempo (t) pueda subdividirse en (n → ∞) subperíodos.

En cada período T, la serie, la suma final en [2], queda limitada por la capacidad del manto de trabajo de suministrar interés en un período (1/n) que se va reduciendo de acuerdo al número n en que se subdivide el período T. El interés (I), uno en este caso normalizado, es provisto en el período T, pero se reduce a (1/n) al reducir el período T a (T/n), que es lo mismo que incrementar la frecuencia de la operación de suma, de la asociación del interés (I) al principal (P) en el arreglo de inteligencia (en el Banco), en el arreglo de intercambio análogo a la estructura de interacción en una unidad de circulación energética del proceso existencial.

¿Quién fija el peródo inicial T?

En la aplicación financiera, la inteligencia del Banco, la inteligencia del proceso SER HUMANO ejerciendo la función temporal de "Banco".

En el proceso natural, el período T es el de oscilación natural de la unidad de circulación que es resultado de la convergencia de la redistribución energética del manto energético. Si al período T natural se le subdivide (o está compuesto naturalmente) de infinitos subperíodos, la capacidad de la estructura de circulación es dada por su capacidad de "operar" en esos subperíodos; y obviamente su variación es máxima cuando puede hacerlo, y es lo que nos dice ese valor límite e de la interacción sobre ella.

¿Cuál es la interacción energética que tiene lugar en la unidad de circulación de la que el Banco es análoga?

Sobre el arreglo de circulación (k) observado en el manto energético del hiperepacio de existencia, cuyo período propio de circulación es T definido por un arreglo particular de unidades del manto, convergen unidades de rotación del manto con una frecuencia propia de redistribución alrededor de la estructura de circulación indicada por n. La convergencia de las excitaciones genera una cantidad, dada por el interés (I), de asociación del manto próximo a la estructura de circulación, a la vez que estimula la interacción con una cantidad, el principal (P) desde el interior del Banco, desde el inversionista, sobre el arreglo de circulación (el Banco).

El inversionista dentro del Banco es análogo el dominio D_1 de la Unidad Existencial, del hiperespacio de existencia de unidades de cargas primordiales; el interés (I) proveniente del mercado de trabajo, del manto fuera del Banco, es análogo al dominio D_2 de la Unidad Existencial.

La frecuencia n es la del manto primordial que genera la disponibilidad (I), interés, de asociaciones sobre el arreglo de circulación cuyo período natural es T.

Luego,

Nuestro tiempo t y el cambio de asociación de principal están relacionados por la función exponencial [5],

$$B_{FINAL}/B_{INICIAL} = e^t \qquad [6]$$

En la naturaleza, los cambios que observamos son una función temporal exponencial de base e, ya lo sabemos, pero esta relación incluye a la relación fundamental entre los dos componentes de la unidad binaria de carga primordial, a la relación entre espacio y tiempo.

Por lo tanto,

en relación al Big Bang,

y coherente y consistentemente con el reconocimiento de que sólo reconocemos y ponderamos cambios relativos de una estructura energética, nuestro espacio es siempre un cambio de una versión del espacio absoluto,

y la relación entre el cambio de nuestro espacio y nuestra versión del tiempo es obtenido de [6],

$$B_{FINAL} = B_{INICIAL}.e^{t} \qquad [6]$$

$$\Delta B = B_{FINAL} - B_{INICIAL} \qquad [7a]$$

$$\Delta B = B_{INICIAL}(e^{b.t} - 1) \qquad [7b]$$

Cambio de espacio = espacio inicial ($e^{b.t}$ - 1)   **[8]**

[NOTA: Válido para T inicial infinito (aunque considerado UNO Absoluto) y luego se subdivide T en n subperíodos (n → ∞), y se repite t ciclos].

En [8] hemos agregado el parámetro b para incorporar todas las versiones en todas las dimensiones del manto energético universal. Si en lugar de una convergencia hacia la estructura de circulación tenemos una divergencia del manto desde ella, entonces el término exponencial cambia de signo en [8].

Conclusiones preliminares.

Sobre toda asociación energética (materiales o visibles, y no visibles) que es siempre una estructura trinitaria frente al manto energético en el que se halla presente e inmersa, el cambio medido sobre su superficie de convergencia, superficie de circulación, es dado por el cambio de la interacción entre D_1 y D_2 estimulada por la pulsación que converge a la asociación.

En la analogía del Banco, una pulsación primordial estimula la asociación disponible desde el interior del Banco, el principal (P), y la asociación disponible desde el mercado de trabajo, el interés (I), a interactuar en la estructura de circulación, la estructura de convergencia, el Banco, bajo una inteligencia dada por la función factorial.

NOTEMOS que una pulsación primordial estimula a una unidad de inteligencia de circulación, del proceso SER HUMANO en una función de interés local, "Banco", a responder a la disponibilidad del proceso SER HUMANO en el manto local de trabajo, al interés (I), y a la disponibilidad del proceso SER HUMANO como inversor, en el principal (P).

La constante matemática e es la base no sólo de la *función natural de adquisición o liberación de cargas primordiales* y de las expresiones que describen las interacciones entre estructuras energética sino también de la super Serie que describe las complejas infinitas interacciones por las que se sustenta la Consciencia Universal.

¿Podría haberse tomado un interés inicial de 127%, 200%, o cualquier otro valor mayor que 100%, y todo habría cambiado e invalidado nuestro reconocimiento?

No, porque 100%, o Uno (1), representa el valor de la disponibilidad de interés que junto con el mismo valor del principal (P) igual a Uno (1) <u>definen la unidad de circulación análoga a la natural</u> en que los dominios D_1 y D_2 proveen la misma cantidad de redistribuciones sobre el hiperanillo de convergencia límite de la Unidad Existencial; o dicho de otra manera, para esta condición es que la analogía del Banco es válida como caso de interacción en el hiperanillo límite de la Unidad Existencial, hiperanillo sobre el que los dominios D_1 y D_2 de redistribuciones disponibles son iguales.

La constante e es la base de la *función exponencial primordial* de la que se derivan todas las versiones por la que se describen todas las redistribuciones energéticas de todas las componentes espaciales y temporales que conforman el *Sistema Termodinámico Primordial* o la Unidad de Circulación de la Unidad Existencial, del Universo Absoluto del que nuestro universo es un componente.

Aspectos más impactantes para la re-interpretación del Big Bang frente a la naturaleza energética de la constante matemática e.

- La constante matemática e provee la relación entre espacio y cantidad de rotación, de carga, de la distribución absoluta de sustancia primordial, del fluído primordial sobre el que se modula el proceso existencial.
  La ponderación de cada entorno del proceso existencial depende de la densidad de modulación que define a ese entorno.

  Nuestro espacio en nuestro entorno del universo es una modulación del espacio absoluto.

- Ni siquiera hay relación lineal entre el tiempo y el desplazamiento espacial en una dimensión, a lo largo de una línea, excepto a lo largo del hiperanillo de convergencia de la Unidad Existencial.
  Aunque la distorsión no afecta a la experiencia de vida local, sí afecta a nuestras interpretaciones del lejano universo que no tienen lugar en tiempo real.

- Nuestra referencia de tiempo varía con la densidad energética del manto en el que nos encontremos.
  La densidad energética del manto universal es dada por la *relación de circulación a rotación* $(\Xi/e*)$ [Ref.(A).1].

- La velocidad de la luz no es constante sobre el manto energético universal.

Aspectos para una exploración racional adicional.

La constante e es el valor máximo del cambio de circulación que puede tener un entorno de cargas binarias por rotación frente a un manto energético que pulsa a una frecuencia infinita con respecto a la de circulación del entorno.

La circulación se pondera por flujo de cargas, de partículas por unidad de tiempo, es decir, por la velocidad de cambio de cargas que depende de la aceleración permitida por la relación entre el entorno y el manto energético. En otras palabras, la aceleración es dada por la interacción normal a la estructura de circulación. Cuando la convergencia del manto cambia sobre la unidad de circulación, ésta varía en densidad o se desplaza en el manto con respecto a la posición previa.

La constante e es la *aceleración máxima* que puede tener el cambio de circulación de un entorno por cada ciclo de circulación del entorno frente a la convergencia de una pulsación de frecuencia infinita del manto, o por la convergencia de infinitas componentes de longitud de onda infinitesimal.

La constante e es la aceleración natural de la redistribución de circulación de una estructura energética por ciclo de redistribución del manto energético por el que se define y sustenta la unidad de circulación.

[a]
NOTA DEL AUTOR.
Mi primera versión de la interpretación de la naturaleza energética de la constante matemática e se introdujo en el libro *Antes del Big Bang* Ref(A).1

VII

Capacitor Binario

Unidades de cargas primordiales

Convergencia de trenes de ondas

La Unidad Existencial es una presencia eterna de un colosal volumen de sustancia primordial y sus asociaciones.

La presencia de la sustancia primordial se confirma a sí misma en Todo Lo Que Es, Todo Lo Que Existe; en todo lo que se observa, detecta y experimenta ya que,
"Nada puede crearse desde la nada".

Debido a la naturaleza binaria de la sustancia primordial, la primera generación de sus asociaciones, las partículas primordiales, son entidades de las que las *cargas eléctricas* en el subespectro electromagnético (ELM) son sus versiones en nuestro dominio del manto de fluído primordial.

Como ya indicamos, las unidades absolutas de sustancia primordial son unidades absolutas de espacio, infinitesimales (rayanas en la nulidad) con una cantidad de rotación; son unidades a las que ponderamos racionalmente por su frecuencia.

Las partículas primordiales son asociaciones de sustancia primordial; son unidades primordiales de *carga*; son unidades que se ponderan por su masa relativa (dada por la cantidad de rotación de los elementos asociados) y frecuencia de rotación de la asociación (de aquí la relación exponencial entre masa del volumen de asociación y la frecuencia de ro-

tación de la superficie límite de la asociación, de la superficie de circulación).

NOTA.
Simplificadamente para visualizar, una partícula primordial de 13 elementos de sustancia primordial tiene una masa 13 con relación a la masa de una de ellas, y que es también la ponderación de la "suma", la asociación de las frecuencias de cada elemento; y la asociación, su superficie externa, tiene una frecuencia única de pulsación común sobre la que se modulan las de los 13 componentes internos.

Las unidades de cargas primordiales se descargan y re-energizan al pasar por dominios de redistribuciones del manto energético universal con aceleraciones crecientes o decrecientes con respecto a un valor medio nulo en el entorno de convergencia. El manto energético pulsa por las continuas e incesantes disociaciones y reasociaciones de partículas en los entornos límites $Z_{LíM}$ y Zn, que obliga a reposicionar los ejes de rotaciones de las unidades de carga, de los elementos de rotación y sus asociaciones del resto del manto[Ref.(A).1].

Luego, un manto de unidades de cargas primordiales es una entidad energética de la que el manto de electrones es un subespectro o subdimensión de asociación de unidades primordiales de carga.

Lo que nosotros hacemos con los mantos de electrones de los sistemas electromagnéticos en nuestras aplicaciones es manipular el entorno de electrones disponibles dentro de las estructuras RLC (resistor de resistencia R; inductor de inductancia L, y capacitor de capacitancia C) y en los conductores.

Toda estructura RLC es una entidad trinitaria en la que tiene lugar un intercambio entre dos subdominios de electrones (en el inductor y en el capacitor) frente a una estructura de base, de referencia en el resistor de carga R_L.

El resistor de carga R_L no es la resistencia R inherente al capacitor e inductor.

El resistor de carga R_L en nuestros sistemas resonantes tiene la función de entorno de convergencia $Z\Phi$ en la Unidad Existencial.

Visitar las Figuras A5, y A16 y A17 en el Atlas.

Nuestras configuraciones RLC pueden proporcionarnos el extraordinario comportamiento que les caracteriza porque llevamos la base del sistema RLC a un nivel de referencia dado por el flujo continuo de electrones sobre un resistor de carga (R_L). Ver en la Figura A16 a la ilustración derecha inferior; el flujo de cargas es proporcionado por una fuente de cargas V_{CC} (de electrones). [En la Unidad Existencial el flujo de cargas primordiales es el flujo de redistribución de las cargas primordiales por la pulsación que se genera en los entornos límites $Z_{LÍM}$ y Zn como ya notamos en la sección V].

En realidad, no hay tal flujo de electrones sino un desplazamiento de cargas, de cantidades de rotaciones de los electrones de un entorno de la fuente de potencial (digamos que del entorno positivo) al otro entorno (negativo), o al revés, dependiendo de la convención que se prefiera emplear.

Este comportamiento no podría tener lugar si en alguna parte, en otra dimensión energética de nuestro universo, no ocurriera lo mismo y a partir de lo cual se permite lo que hacemos en este entorno. La carga contenida por V_{CC} se ha logrado a expensas de una cesión de cargas desde el manto energético universal.

La aproximación racional más simple para conectar el comportamiento de las cargas eléctricas en el subespectro electromagnético con el comportamiento de las cargas primordiales en la Unidad Existencial es a través de las propiedades topológicas del manto energético universal, propiedades inherentes al mismo debido a la naturaleza binaria de la sustancia primordial y todas sus asociaciones, particularmente el manto sin estructuras materiales, sin asociaciones en nuestra dimensión energética.

Veamos la Figura A16, ilustraciones de la parte superior. **El capacitor binario de la izquierda es análogo a la estructura RLC en paralelo de la derecha.** Para esta analogía tomamos una fuente de potencial eléctrico continuo cuya configuración es esférica y separamos los entornos de baja densidad de cargas [entorno negativo (-), núcleo Zn en la Unidad Existencial] del entorno de alta densidad de cargas [entorno positivo (+), hipersuperficie límite $Z_{LíM}$ en la Unidad Existencial] con una esfera resistiva interna de resistencia muy elevada ($R \rightarrow \infty$), la estructura de circulación (k) de la Unidad Existencial.

Permitámonos enfatizar.

Tenemos en la parte superior izquierda de la Figura A16 una esfera Z de cargas cuya distribución espacial la define como una fuente de diferencia de densidad de cargas, como una fuente de potencial eléctrico entre Z y el centro de la esfera; es un volumen de cargas diferentes en la periferia y en el centro, separados por un resistor esférico de resistencia R.

Hay una diferencia de potencial, una diferencia de densidad de cargas entre todo punto de la superficie periférica Z y el centro Zn o núcleo de la fuente de potencial, con un valor medio sobre R.

Ahora bien.

Notemos algo antes de continuar.

Análogamente al resistor R del capacitor binario de la Figura A16, parte superior izquierda,

- en todo capacitor eléctrico C hay una hipersuperficie energética real que ofrece la función de R en esta configuración de la Figura. Esa hipersuperficie es dada por el valor medio de la distribución de electrones en el espacio entre las placas del capacitor C en un proceso de oscilación de electrones entre ellas; [esta hipersuperficie quedará de hecho "conectada" trabajando en paralelo con la R_L de carga que veremos en la configuración RLC, pero como es de un valor muy pequeño se debe agregar la R_L externa (usualmente la R dentro del capacitor sólo se tiene en cuenta como resistencia de pérdidas del capacitor por calor)];

- en la configuración RLC, esa hipersuperficie energética R que mencionamos antes dentro del capacitor binario es la R_L externa, la resistencia de carga, que ofrece un potencial medio sobre el que ocurre la oscilación que observamos entre L y C a través de ella mientras que en el centro del capacitor hay una oscilación alrededor de un valor medio dentro del mismo... ¡que no observamos!, pero traemos aquí para explicar que en las configuraciones RLC que observamos, en nuestra dimensión energética, en el capacitor C ocurre lo mismo que dentro del capacitor binario... ¡pero en otra dimensión energética! Lo mismo ocurre dentro del inductor, lo que nos lleva a visualizar que inductor y capacitor son simplemente configuraciones cerradas que ofrecen gradientes espaciales de cargas que determinan los gradientes de tiempo, las rapideces de redistribuciones con respecto a la dada por la resistencia R_L. Una vez más, R_L de carga es para generar el valor medio de potencial sobre el que ocurre la oscilación en nuestro dominio, pero **en la Unidad Existencial la función de R_L es dada por la estructura de circulación (k) representada por R en la parte superior izquierda de la Figura A16.**

Retomemos nuestra exploración de la esfera binaria Z.

Regresemos entonces a la esfera Z de la parte superior izquierda de la Figura A16 como un volumen de cargas eléctricas.

¿Qué pasa si el entorno Zn tiene un potencial eléctrico positivo con respecto a ZΦ, y que es igual al potencial de $Z_{LíM}$ con respecto a ZΦ?

Eventualmente todas las cargas en Zn y $Z_{LíM}$ se redistribuirán a través de ZΦ.

Lo que ocurre como redistribución de las cargas en este sistema es análogo a lo que se observa en nuestro universo: todo evoluciona hacia un estado de equilibrio, de cese de intercambio energético, de menor disponibilidad de energía; es cuando los potenciales en Zn, R (que incluye a R_L de carga no mostrada que es análoga a ZΦ) y $Z_{LíM}$ sean iguales, y cuando sobre R (más R_L) entre Zn y $Z_{LÍM}$ no haya ningún intercambio.

Es lo que pareciera que ocurre con nuestro universo.

Pero esto que observamos en nuestro dominio material y temporal del proceso UNIVERSO es sólo porque <u>todo lo que hacemos y observamos ocurre en algún nivel del manto energético que está por encima de su valor medio</u> (o por debajo, depende de la convención que tomemos); <u>valor medio al que hemos tomado como la *temperatura Cero Absoluto*</u> cuando en realidad este valor cero es el valor medio frente al cual el manto energético en el que estamos "montados" evoluciona entre dos valores límites opuestos. (Nuestro manto energético oscila entre dos valores límites en períodos de billones de años terrestres).

Nosotros estamos en una portadora con un valor sobre (o por debajo, depende de la convención) de un valor medio. Ver Figura A12.

Ahora bien.

Cuando nosotros tenemos un arreglo RLC y lo energizamos, <u>se produce una redistribución transitoria que cesa luego de un cierto tiempo</u>. Una configuración RLC excitada directamente por una fuente de potencial continuo no va a oscilar permanentemente, nunca, pues la fuente de potencial es unidireccional.

Igualmente ocurre en nuestro universo.

Estamos "montados" en una configuración energética, en una semionda (ver Figuras A.12 y A20) que evoluciona en una sola dirección hacia el valor de referencia y fuerza todo lo que se halla inmerso en él a evolucionar en la misma dirección... hasta que se invierta la dirección de evolución.

Pero, en el semiciclo opuesto no hay vida; la vida se transfiere de un universo a otro, de un componente de la Unidad Binaria [Alfa; Omega] al otro, antes de que se alcance este punto de cruce por el nivel medio. No vamos a ver este proceso de transferencia pues excede el propósito de introducir las bases de la Teoría de Todo. Ver la referencia (A).1, *Antes*

---

del Big Bang.
¡ATENCIÓN!
Lo que en realidad hace oscilar a una configuración RLC es el excitarla estando sobre un manto que pueda variar por encima y debajo de un valor medio. Es lo que hace el circuito oscilador, que tiene un resistor de carga que confiere ese valor medio, y además hay una realimentación negativa que la configuración simple RLC no tiene.

No oscila permanentemente ningún sistema RLC aislado sino el sistema [fuente-amplificador-configuración RLC].

Esto que observamos en esta configuración análoga simple es porque estamos teniendo en cuenta la redistribución de cargas eléctricas frente a una fuente de potencial que no varía (nuestra fuente V_{cc}). En la Unidad Existencial tampoco varía la cantidad de cargas primordiales; <u>varía la distribución espacial del volumen de pulsación existencial que es eternamente constante</u>. La distribución del volumen de pulsación, de la fuente de potencial primordial, varía en una dimensión de asociaciones, en un dominio energético, pero la variación en el dominio material le sigue con la misma rapidez pero con un retraso de tiempo introducido por la configuración del volumen de la Unidad Existencial.

Lo que hace la diferencia y permite la oscilación es la presencia de un sistema binario [en la Unidad Existencial es el sistema (Alfa-Omega)].

El sistema binario "divide" al proceso continuo de generación de la pulsación primordial en dos armónicas fundamentales opuestas debido a la configuración geométrica de la Unidad Existencial, del volumen de cargas primordiales: <u>una armónica ecuatorial y otra polar</u>.

Para continuar con una revisión adicional individual, personal, planteamos la siguiente pregunta,
¿Qué pasa con las cargas primordiales que son binarias como

las eléctricas, es decir, intercambian cantidad de rotación y volumen?

En nuestros sistemas, el intercambio de rotación que genera cambios de volúmenes que no percibimos, se ve, sin embargo, como cambio en la temperatura; o dicho de otra manera, el cambio de temperatura indica cambios de volúmenes en las asociaciones en el sistema de intercambio.

Las redistribuciones en el dominio primordial dan lugar a los cambios de volúmenes, a las disociaciones y reasociaciones que observamos en nuestro universo y experimentamos como calor.

Hebras energéticas en el capacitor binario.

Analogía con la centolla.

Con respecto a la hipersuperficie $Z_{LÍM}$ de la Unidad Existencial, cada radio es una estructura RLC en serie; es una hebra RLC en la que R es el "punto" coincidente con $Z\Phi$ (R es la unidad de circulación coincidente con $Z\Phi$), L es la parte de la hebra radial hacia Zn (es la parte de la hebra en D_1), y C es la parte de la hebra radial hacia $Z_{LÍM}$ (es la parte de la hebra en D_2).

La estructura de la Unidad Existencial es la integración de todas esas hebras radiales; es una estructura análoga a la configuración RLC en paralelo.

La estructura a lo largo del hiperanillo hΦ es una estructura análoga a RLC en serie, pero sus componentes binarios Alfa y Omega son estructuras en paralelo en sí mismas, uno actuando como C del arreglo en serie, y otro actuando como L del mismo arreglo en serie; y aquí, en el arreglo en serie, la resistencia R es mínima, por lo que en los arreglos en nuestras aplicaciones en el subespectro electromagnético usamos las R_L de carga tan bajas como sea posible. (Alfa es análogo a un arreglo RLC en paralelo, y Omega es la estructura en paralelo recíproca análoga a la que que se desarrolla dentro del amplificador de las configuraciones de un oscilador RLC).

La fuente de alimentación V_{CC} del hiperanillo de convergencia hΦ es la convergencia de la pulsación primordial del manto energético. La convergencia de los dos dominios (desde $Z_{LÍM}$ y Zn) genera la circulación. Igualmente en un circuito eléctrico: al cerrar el circuito, la convergencia de los dos dominios (-) y (+) de la fuente V_{CC} sobre el entorno de convergencia R genera la circulación (de corriente, de cargas).

La analogía del *Capacitor Binario* nos permite visualizar las hebras energéticas que conforman la *Unidad de Circulación*.

Una analogía entre las formas de vida es una centolla de mar.

El cuerpo de la centolla es el *dominio de inducción* (D$_1$, del inductor de inductancia L); las hebras de la centolla son las hebras del *dominio de gravitación primordial* (D$_2$, del capacitor de capacitancia C); todo inmerso en el líquido "amniótico" o fluído primordial que sustenta la centolla y estimula sus recreaciones de sí misma a través de la pulsación *existencial* que tiene lugar y se transfiere por el manto de fluído primordial.

NOTA.

Veamos la ilustración de la próxima página.

En un sistema RLC tenemos las tres corrientes en el resistor, en el capacitor y en el inductor, $i(t)_R$, $i(t)_C$ e $i(t)_L$ respectivamente, que constituyen las redistribuciones del potencial (del exceso de cargas) de la fuente V_{CC} sobre esas estructuras.

Pero hay algo que falta.

Es que el potencial V_{CC} de la fuente se reduce por esa redistribución, y esa reducción al final del proceso no está mostrada aquí. Aunque aparentemente midamos que el potencial remanente en la fuente permanece constante, no es cierto ya que algo se ha transferido. Las corrientes nos muestran las rapideces a las que tienen lugar esas transferencias por cada componente R, L y C que en parte se ven como redistribuciones temporales en esos componentes pero luego se transfieren en otros subespectros, térmico (como calor), visible (luz de alguna lámpara) y otros a los que simplemente no se ven (son las pérdidas que no se pueden ponderar específicamente). Esas pérdidas por calor y otras las representamos por x_{CC}. Hacemos esta notación para recordarnos que todas las componentes sinusoidales en todos los subespectros son las que dan una cantidad neta de reducción del potencial de la fuente al cabo de un tiempo de redistribución, y esa cantidad de reducción en V_{CC}, toda, termina yendo al manto, a la atmósfera inmediata. Todas las redistribuciones terminan en el manto energético (a menos que un componente cambie permanentemente por la corriente que haya circulado por él, por lo que entonces cambiará luego, más lentamente, por "decaimiento", por interacción con el manto en otro subespectro de fricción primordial).

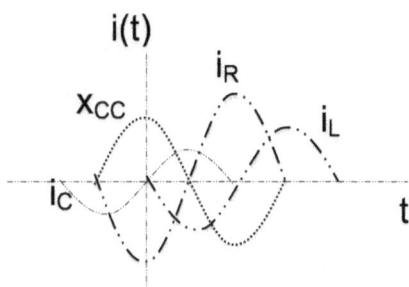

Figura secc.VII (i).

VIII

Sistema Termodinámico Primordial

Temperatura Absoluta

Disponemos de todos los elementos y condiciones energéticas que definen al *Sistema Termodinámico Primordial*; ellos han sido exhaustivamente confirmados por las observaciones y el establecimiento de las relaciones causa y efecto llevadas a cabo por la comunidad científica, y replicados en aplicaciones desarrolladas en nuestro entorno del universo por nuestros ingenieros y técnicos.

Tenemos una referencia fundamental en nuestro modelo actual del proceso UNIVERSO,
"La naturaleza de la existencia es binaria".
La naturaleza de la existencia es sustancia y movimiento.
La naturaleza binaria es confirmada por nuestro modelo matemático espacio-tiempo de nuestro universo.
Todo parte de una presencia eterna de la sustancia primordial cuyo volumen es la Unidad Existencial, el Universo Absoluto fuera del cuál nada hay, nada existe, nada se define.
"Nada puede ser creado de la nada".
La Unidad Existencial es cerrada, absoluta, eternamente.
Este principio absoluto que rige el proceso racional por el que se desarrolla la consciencia, el entendimiento del proceso existencial, se confirma a sí mismo en las relaciones causa y efecto de la fenomenología energética que observamos y experimentamos en nuestro universo, en el entorno de la Unidad Existencial que se al-

canza desde la Tierra.

Si la presencia eterna, cerrada absolutamente, tiene naturaleza binaria, es decir, tiene una variable absoluta definida por dos componentes inseparables, ninguno de esos componentes puede ser nulo ni indefinido absolutamente.

Por lo tanto, jamás hubo una singularidad desde la que se inició nuestro universo tal como se considera hasta ahora por la teoría del Big Bang.

Hubo un Big Bang, sí, pero no con las características bajo las que se ha venido interpretando hasta ahora.

¿Dónde está nuestro error o la razón por la que no habíamos podido llegar a la Unidad Existencial y al *Sistema Termodinámico Primordial* que sustenta el proceso existencial, el proceso de redistribución energética por la que se re-energizan las estructuras por cuyas interacciones se define y sustenta la Consciencia Universal?

Hay varios elementos claves pero no puede decirse que hayan ocurrido en algún orden en particular.

Por una parte, está en no haber reconocido a la sustancia primordial ni su naturaleza binaria; por otra parte, está el no haber interpretado la naturaleza energética real de la constante matemática e por no tomar que matemáticas es una herramienta inducida por el proceso existencial consciente de sí mismo. Si una serie matemática conduce a la constante absoluta de un hiperespacio de naturaleza binaria, a la base de la función general absoluta de la que se derivan todas las versiones que rigen las interacciones entre estructuras energéticas y la evolución de todo lo que es, todo lo que existe en nuestro universo, incluso el universo mismo como una Unidad Energética (no absoluta), es porque esa serie es una versión en el espacio matemático, en el espacio de referencia sobre el que modelamos el proceso UNIVERSO, de una serie energética real, es decir, de una hebra energética real; y no solo real, sino que se trata de la hebra primordial de la Unidad Existencial.

Al no reconocer esta correspondencia no se pudieron reconocer las diferentes dimensiones de infinidad ni del tiempo; y con esto, se comienzan a sumar las incoherencias e inconsistencias inherentes al Modelo Cosmológico Standard.

Entre esas incoherencias está el creer que nuestras leyes locales en el sistema solar son las mismas leyes universales.

Pues, no.

Las leyes que rigen al proceso UNIVERSO provienen de la expresión general por la que se describe la Unidad Existencial como *Sistema Termodinámico Primordial*, pero es sólo un término de esa expresión; y de ese término hay una versión para nuestra galaxia, y de ésta hay, a su vez, otra para el sistema solar.

En otras palabras,

La expresión matemática que describe a la Unidad Existencial como el *Sistema Termodinámico Primordial* es una super Serie de naturaleza binaria.

De esta super Serie cada término es una serie de un orden de infinidad menor.

Hay tantos órdenes de infinidad como nuclearizaciones universales subordinadas hay dentro del arreglo de la Unidad Binaria por cuyas interacciones se sustenta la Consciencia Universal (por ejemplo: la galaxia se subordina al UNIVERSO; el sistema solar a la galaxia; y la Tierra al Sol).

Una vez que reconocemos que la descripción de la Unidad Existencial es una super Serie de la que se derivan todas las relaciones causa y efecto de la fenomenología energética en nuestro entorno, tenemos resuelto, conceptualmente, nuestro proceso UNIVERSO. No obstante, las leyes locales siempre tienen que ser descriptas en base a las experiencias locales, en base a sus parámetros particulares locales.

La Unidad Binaria del interacciones del *Sistema Termodinámico Primordial* es una consecuencia natural de la naturaleza binaria de la sustancia primordial, y es confirmada en la hebra energética primordial cuya versión en el espacio de referencia es la serie matemática cuyo valor límite es la base de los logaritmos naturales; es la base de la función logarítmica y su inversa, la función exponencial, que son las funciones inseparables primordiales de la Unidad Existencial de naturaleza binaria.

La Unidad Binaria Primordial es el sistema resonante natural.

Ya hemos mostrado cómo llegamos a la Unidad Existencial y al *Sistema Termodinámico Primordial* a partir del *Principio Primordial de Eternidad* (expresado por el *Principio de Conservación de Energía*), y de la información de toda la fenomenología energética en nuestro entorno del universo una vez que se consolida coherente y consistentemente como efectos de las redistribuciones de la variable primordial absoluta, la *unidad de carga primordial* de la sustancia primordial de naturaleza binaria y sus asociaciones.

Ahora "construiremos" al universo a partir de la hebra primordial descripta por la serie matemática que representa a la hebra energética primordial absoluta sobre la que se sustenta el proceso ORIGEN que da lugar a los dos componentes del proceso UNIVERSO eterno.

La estructura energética sobre la que se sustenta el proceso UNIVERSO es una estructura binaria de dos universos.

Esta estructura binaria es la estructura elemental del hiperespacio multidimensional de naturaleza binaria, de modo que si la Consciencia Universal se sustenta sobre un hiperespacio de naturaleza trinaria, no lo alcanzaremos sino hasta resolver, entender el de naturaleza binaria.

Una vez reconocido el *Sistema Termodinámico Primordial* podemos reinterpretar la Temperatura Absoluta como la temperatura correspondiente al valor energético medio del manto energético; valor alrededor del cual varían sus diferentes dimensiones, sus componentes temporales.

NOTA.
Acerca de la relación entre el proceso racional de la Unidad Existencial o de su versión en el proceso UNIVERSO, y el proceso racional humano.

Entendiendo la intermodulación del manto energético sobre el que TODO LO QUE ES, TODO LO QUE EXISTE se sustenta, resulta más simple entender que cada uno de los seres humanos es un entorno de convergencia de esa intermodulación. Ese entorno de convergencia es un arreglo material en tres dimensiones energéticas que reconocemos como *alma-mente-cuerpo;* es una "estación" local, temporal, de recepción y procesamiento de información existencial. El proceso racional entretenido en esta "estación" es parte del proceso racional existencial consciente de sí mismo, de la Consciencia Universal, Dios, que se "independiza" a sí misma de ella, de la Consciencia Universal de la Unidad Existencial, desarrollando una identidad propia local, temporal, cultural, por la que interactuando con las otras identidades y con todo el resto de la fenomenología energética y de vida universal pueden generarse las infinitas versiones de experiencias por cuyas interacciones se sustenta la consciencia de sí mismo del proceso existencial, la Consciencia Universal, Dios.

No obstante, aquí deseamos reconocer y entender los dos entornos de convergencia energética de la Unidad Existencial que son parte de la configuración de circulación por la que se redistribuye continua, incesante, eternamente, la pulsación primordial. Esta configuración es la que se define como *Sistema Termodinámico Primordial.*

Al final del Atlas, en la sección AT IV, tenemos un resumen de la "reconstrucción" del Universo sobre el que se basan presentaciones e interacciones públicas, y que servirá de base para el libro en proyecto *Recreación del Universo.*

IX

Abriendo las "Puertas del Cielo"

Comenzando a resolver y, o entender las incógnitas del proceso UNIVERSO

Vamos a resumir algunas de las reinterpretaciones y respuestas a las que nos conduce el *Sistema Termodinámico Primordial.*

Variable primordial del proceso existencial.

Es la *carga*, la cantidad de rotación contenida en la asociación de sustancia primordial, a la que ponderamos como *energía.*

La *unidad de carga primordial* es de naturaleza binaria cuyos componentes son *masa* (cantidad de rotación de la asociación de sustancia que define a la partícula de carga en el subespectro o dimensión energética considerada; y *frecuencia* de la superficie neta de la asociación, de la superficie de convergencia de la partícula (superficie sobre la que se observa el efecto neto de la interacción entre su contenido y el exterior).

A nivel absoluto de la sustancia primordial la *variable primordial* es solamente la *frecuencia.* Esto, porque la otra componente, la *masa*, es el volumen uno (1) absoluto del elemento de sustancia primordial; es la unidad absoluta de volumen espacial a la que jamás llegamos sino racionalmente. A nivel absoluto la *unidad existencial primordial* es el Uno (1) existencial y energético absoluto con una capacidad de interactuar dada por su frecuencia contenida en ese volumen de espacio elemental absoluto [volumen existencial que tiene valor relativo $(1/\infty)$ con respecto al uno existencial y energético que definimos en nuestra dimensión energética]. A nivel absoluto, la unidad de carga primordial es, como ya se ha indicado en la sección V, la *unidad binaria [1; f]*. Las sucesivas asociaciones incrementan la masa a partir de uno (1) y reducen la frecuencia f de su superficie de convergencia ZΦ' que define a la asociación.

A otros niveles o dimensiones energéticas, los componentes de la *variable primordial binaria* son *espacio y tiempo*. El espacio puede ser cualquiera de sus versiones relativas tales como masa, densidad. Las versiones relativas son definidas con respecto a referencias locales tomadas sobre nuestro espacio de referencia.

Campos de fuerzas.

Los campos energéticos o *campos de fuerzas* son dados por los gradientes de las distribuciones de las unidades de cargas primordiales o de las rotaciones de las unidades absolutas de sustancia primordial.

La aceleración del campo es dada por su variación en el tiempo.

Entonces,
¡ATENCIÓN!
Fuerza y *aceleración* son efectos en diferentes dimensiones de tiempo de la misma única interacción entre redistribuciones de dos dimensiones energéticas (entre dos dimensiones de asociaciones de sustancia primordial).

La *aceleración de la gravedad*, del campo gravitatorio que medimos en los cuerpos masivos, es el gradiente de distribución espacial de la sustancia primordial y sus asociaciones que se reconoce y pondera por el efecto que genera en una partícula de prueba. Una distribución espacial "constante" (gravedad) es una distribución de unidades de movimiento (cargas) con un gradiente espacial.

Hay un campo primordial absoluto hacia el centro de la Unidad Existencial; es el *campo gravitacional primordial*.

Sobre el *campo gravitacional primordial* se desarrollan las modulaciones locales de las nuclearizaciones masivas.

Hay un *campo gravitacional local,* externo y hacia las superficies de convergencia de las nuclearizaciones, y un campo opuesto interno, el *campo de inducción.*

Sobre los *campos de gravitación locales* se desarrollan los campos atómicos hacia los núcleos de átomos; *campos eléctricos* entre entornos de densidad de pulsación diferencial en longitud de onda del subespectro electromagnético; y los *campos de circulación* alrededor de las hebras del *campo eléctrico.*

Relación entre las expresiones de potencial eléctrico y espiral logarítmica.

Cuando reconocemos las cargas primordiales y la configuración de circulación de la Unidad Existencial, se hace obvia la correspondencia que resumimos a continuación.
Visitar Figura A21.

Recordando las analogías debido a las propiedades topológicas del manto de fluído primordial, de cargas primordiales, y teniendo en cuenta que para el caso en el subespectro electromagnético el potencial eléctrico es el trabajo realizado por el campo eléctrico para transportar la unidad de carga desde infinito (desde el potencial cero) hasta ese campo, el potencial eléctrico es, como en el caso del trabajo mecánico, el trabajo realizado en el período genérico T=(1) sobre una unidad de carga eléctrica a lo largo de una hebra de longitud genérica ℓ=1.

Unidad de carga es una cantidad de rotación asociada a una partícula[Ref.(A).1].

El trabajo realizado es el mismo para cualquier trayectoria seguida por la unidad de carga entre los dos puntos de evaluación entre los que existe una diferencia de potencial, de manera que la expresión del trabajo realizado a lo largo del período genérico ha de tener una forma gráfica en el tiempo que depende de los parámetros del manto que soporta el campo. Esos parámetros se describen de una manera en los arreglos RLC, y de otra manera en el caso de las espirales logarítmicas.

Ya vimos que un arreglo RLC en paralelo es análogo a un capacitor binario, a un hiperespacio esférico convergente sobre R.

Revisitar Figuras A5, A17, A17 y A21.

En los arreglos RLC los parámetros energéticos se describen por los radios de curvatura de los arreglos energéticos, radios dados por la resistencia (R), la inductancia (L) y la capacitancia (C) de los componentes R, L y C; y en la espiral logarítmica se tienen en cuenta por el parámetro b y el ángulo θ rotado por el campo.

Hay una relación entre la diferencia de potencial de un hiperanillo de circulación con respecto al centro encerrado por el hiperanillo, y la espiral logarítmica. Eso es porque el hiperanillo es la convergencia de dos espirales; es la convergencia de dos redistribuciones en paralelo, L_p y C_p.

El potencial en función del tiempo para un arreglo RLC en serie (una hebra energética) es descripto por la expresión siguiente,

$$V = (1/C).\int i(t).dt + R.i(t) + L.di(t)/dt \qquad \text{[1a]}$$

cuya componente continua, de convergencia es,

$$V = R.I_{CC} \qquad \text{[1b]}$$

y la espiral logarítmica se describe sobre un período T=1 por la expresión siguiente, donde $\underline{r}$, la distancia entre la unidad de carga y el centro de rotación del campo es, en otra unidad relativa y escala, el potencial diferencial entre la unidad de carga y el centro del campo,

$$r = a.e^{b.\theta} \tag{2}$$

NOTA.
Relación entre los parámetros energéticos de la espiral y la circunsferencia.
Cuando se desarrolla la función logarítmica [2] sobre un período de tiempo genérico T=1 (para el que el tiempo $\underline{t}$ local es ∞, y también el ángulo θ es ∞) al cabo del cual se cierra como una circunsferencia, el parámetro energético $\underline{b}$ ha ido variando de tal manera que luego de un proceso transitorio durante T=1 resulta la expresión final de estado permanente,

$$r = (1/2\pi).\mathcal{V} \tag{3}$$
$$2\pi.r = \mathcal{V} \tag{4}$$

Modulación del campo gravitacional primordial por las nuclearizaciones universales.

Vimos este caso en relación con la Figura A3.

La densidad energética media del entorno de circulación que define a la nuclearización es igual a la densidad del punto de la distribución del manto energético que ahora ocupa el centro de la nuclearización. Es decir, la convergencia de energía, de asociación y movimientos, hacia el centro de la nuclearización es igual a la divergencia desde él hacia el manto.

Proceso de adquisición de masa.

Es el proceso de adquisición de cantidad de rotación de una asociación de sustancia primordial. La manera más simple de verlo es una redistribución de cargas, de rotaciones, que siguiendo una trayectoria espacial espiral se cierra sobre un entorno infinitesimal (en el centro 0); o en una convergencia exponencial en el tiempo sobre un entorno (la asociación o partícula primordial), éste integra las rotaciones, las cargas que le llegan. La asociación es por redisposición de los ejes de rotaciones que quedan encerrados por una estructura de circulación sobre la que convergen las rotaciones que se suman a la circulación. Al incrementarse la circulación de la asociación se incrementa su capacidad de modular el manto energético en el que se halla inmersa, y por lo tanto, se incrementa la capacidad de afectar a otras estructuras del mismo.

¡ATENCIÓN!

Este proceso se confirma en el proceso de adquisición de cargas de las partículas primordiales, en el proceso cuya versión en el espacio de referencia, el espacio matemático, es la aplicación de interés compuesto por la que se inició la determinación del valor de la constante matemática e.

Tiempo.

Tiempo es una variable para medir la ocurrencia del proceso existencial, del proceso de redistribución energética de la Unidad Existencial a través de los cambios observados.

La ocurrencia se mide por la cantidad de un movimiento repetitivo constante de una referencia que en nuestro caso es el átomo de cesio (Cs).

La rotación y la pulsación de toda asociación material, de toda partícula, depende de la relación (Ξ/e^*) del manto energético en el que ellas se hallan presentes.

Nuestro manto tiene una relación (Ξ/e^*) que es constante para la dimensión de tiempo que vivimos, para el período de proceso que podemos registrar.

Hay un tiempo absoluto, primordial, que es la *variable independiente absoluta* por la que se pondera la "longitud" de una secuencia de eventos, de un proceso de intercambio de energía, de unidades de cargas, por la cantidad de rotaciones de una referencia absolutamente inmutable.

La *referencia inmutable* es dada por el valor medio de variación de frecuencia en el entorno de convergencia de la Unidad Existencial.

Nuestra referencia de tiempo evoluciona con la evolución del universo, aunque no podemos apreciar el cambio pues es nuestra referencia, por una parte, y el cambio es muy lento, por otra parte.

Temperatura. Temperatura Absoluta.

Temperatura es indicación de la *relación de circulación a rotación* (Ξ/e^*) de un entorno energético[Ref.(A).1].

Visitar Figura A6.

Temperatura absoluta es indicación de la relación $(\Xi/e^*)=1$ en el manto energético primordial alrededor del cual oscila el manto de nuestro universo.

Velocidad de la luz.

La luz es un fenómeno de resonancia primordial del manto energético de la Unidad Existencial.

La resonancia tiene lugar sobre una distribución de una relación (Ξ/e^*) cuando es excitada por una pulsación de una longitud de onda y frecuencia particular.

La velocidad de la luz es la velocidad de transferencia del cambio que ocurre en el entorno de resonancia; velocidad que depende de la relación (Ξ/e*) del manto energético sobre el que se transfiere el cambio.

Huecos negros.

Son manifestaciones de los *campos de inducción* dentro de las nuclearizaciones masivas.

Hacia el centro de las nuclearizaciones masivas y desde sus direcciones polares la longitud de onda de pulsación de la relación (Ξ/e*) del manto energético cae por debajo del espectro visible.

Inercia mecánica e inductancia eléctrica.

Es debido a la redistribución que ocurre dentro de la asociación que define al objeto cuando cambia su estado de movimiento relativo por un cambio en la distribución que desde el manto energético converge a él, al objeto.

La *inercia* es la "inductancia" mecánica de la asociación material.

El *entorno de inserción* de la asociación material es la "capacitancia" de la asociación material; es el origen del campo "gravitacional" hacia la asociación.

Velocidad mecánica, corriente eléctrica, temperatura.

La velocidad es la medición de la rapidez a la que se mueve el objeto en la dirección de evaluación.

La rapidez relativa es dada por la capacidad de moverse en el medio en el que se halla; esta capacidad depende de su propia estructura energética y la del medio, la del manto energético en el que se encuentra inmerso.

Al objeto converge una redistribución del manto energético; o, mejor reconocido, a la superficie del objeto material converge la redistribución del manto energético (es el *entorno de inserción*) y la del interior (es la *inercia*). Luego, la energía puesta en juego al mover un objeto con respecto a una posición de referencia en el manto energético es igual a la energía para redistribuir en la dirección de movimiento al manto energético que converge al objeto (cambiar la configuración del entorno de convergencia), más la energía para cambiar la circulación del objeto sobre su superficie, más la energía para redistribuir la asociación interna (la inercia); es decir, **hay una ecuación de momento mecánico análoga a la de potencial eléctrico y térmico.**

Velocidad del objeto, corriente eléctrica y temperatura diferencial son las mediciones de las rapideces a las que se redistribuyen cargas, unidades de rotación primordial, unidades de energía, entre dos entornos del manto (fuente); redistribución que se pondera por una partícula de prueba que es el objeto material en el subespectro mecánico, la unidad de carga eléctrica en el subespectro electromagnético, o la carga térmica que se pondera sobre el subespectro infrarrojo.

Calor es el efecto de la vibración o la pulsación existencial ponderado en el subespectro infrarrojo.

Radiación cósmica de fondo.

Jamás cesa la pulsación existencial que se genera en los entornos límites $Z_{LÍM}$ y Zn de la Unidad Existencial.

Expansión de las galaxias.

Tiene lugar a expensas de la contracción del dominio primordial que se empieza a reconocer como energía "oscura" y anti-materia.

Observación del lejano universo.

En la exploración lejana no estamos observando fenómenos en tiempo real.

Inmensidad del universo.

Es resultado de la configuración en "capas de cebolla" del manto energético universal.

Origen de las ondas gravitacionales.

La ondas gravitacionales son oscilaciones continuas inherentes a las redistribuciones de la pulsación primordial que se genera en los entornos límites de la Unidad Existencial. En nuestro universo son generadas por la pulsación de todas sus nuclearizaciones activas, las galaxias y estrellas, y en la Tierra recibimos también los fenómenos transitorios de paso de otros cuerpos entre nuestro planeta y el Sol. Uno de los efectos más corrientes de las ondas gravitacionales son las mareas causadas por las interacciones Sol-Tierra-Luna.

X

Conclusión

Dijimos al principio de esta presentación que no hay nada que el ser humano no pueda alcanzar del proceso existencial consciente de sí mismo, ya que todo está dispuesto a nuestro alcance.

No obstante, hay un misterio absoluto.

Sí, hay un misterio absoluto incluso para Dios, para la Fuente de la que provenimos, el proceso que sustenta TODO LO QUE ES, TODO LO QUE EXISTE.

Ese misterio es la presencia misma de la sustancia primordial de la que todo se genera; presencia eterna, que no tuvo principio, no vino de ninguna fuente, ni tendrá fin. La presencia eterna es la FUENTE ABSOLUTA; es el ORIGEN ABSOLUTO de TODO LO QUE ES, TODO LO QUE EXISTE.

Fuera de este misterio absoluto no hay nada que no podamos alcanzar. Toda la complejidad de la física cosmológica queda al alcance de nuestra mente de potencial ilimitado.

¿Cómo una capacidad racional puede ser tan fantástica siendo sustentada por un arreglo biológico confinado en un reducido espacio, insignificante frente a nuestro colosal universo, el que a su vez es tan sólo un entorno de la Unidad Existencial? ¿Cómo puede nuestra capacidad racional tener potencial ilimitado?

Pues, es muy simple.

Al actuar en armonía con el proceso existencial consciente de sí mismo, con Dios, todo, absolutamente todo en el proceso existencial queda a nuestro alcance.

Nuestra mente es un subespectro de la Mente Universal, de la mente de Dios.

Con nuestra mente penetramos el subespectro del proceso existencial que no se alcanza con los sentidos ni con la instrumentación.

Mencionemos algo que jamás alcanzaremos sino con la mente y de lo cual depende que entendamos energéticamente al proceso existencial.

La FORMA DE VIDA PRIMORDIAL, el arreglo consciente de sí mismo, su inteligencia y las interacciones por las que sustenta su consciencia y que están a nuestro alcance, sólo puede tener lugar en un entorno particular de la Unidad Existencial, en un entorno del que nuestro universo es parte interactuante. No obstante, ya que a través de la mente podemos explorar todo rincón, si cabe esta expresión, de la Unidad Existencial, de su manto energético, ahora podemos llegar a la interacción que tiene lugar en... ¡su periferia límite de existencia de la Unidad Existencial! Esta interacción tiene lugar frente a la nada absoluta, a la no existencia fuera de la Unidad Existencial.

¿Cómo es posible que algo, que la sustancia primordial, interactúe con la nada fuera de la Unidad Existencial?

Es que la nada, el vacío absoluto, la no-existencia fuera de la Unidad Existencial hace reaccionar a la sustancia primordial y sus asociaciones, las partículas primordiales, de una manera que está a nuestro alcance, y que gracias a ello nos permite resolver, es decir, reconocer y comenzar a entender la configuración de la Unidad Existencial y el proceso que en ella tiene lugar y del que somos unidades de inteligencia en desarrollo de consciencia.

Finalmente podemos llegar a Dios desde aquí, desde la Tierra, desde este preciso instante en que tomamos la decisión de hacernos partes conscientes del proceso existencial, del proceso del que venimos siendo unidades eternas de interacciones por las que se sustenta la Consciencia Universal de la que se nos transfiere un subespectro que vamos expandiendo con nuestro desarrollo de la capacidad racional en armonía con el proceso existencial.

Obviamente, no podemos cubrir el proceso existencial en un solo libro. Por otra parte, tampoco puede darse el "salto" completo

---

136

de una vez a otra dimensión de consciencia del proceso existencial. Es cierto que no necesitamos saber nada del aspecto energético del proceso existencial para estar en armonía con él, pero si deseamos entender podemos hacerlo por nosotros mismos, cada uno por sí mismo. La decisión de seguir al proceso existencial consciente de sí mismo, de desarrollarnos por el *marco de referencia primordial*[Ref.(A).8] es lo que nos "abre las *Puertas del Cielo*", las puertas del Conocimiento Absoluto.

¿Quién no quiere entender por qué el mundo es como es, y cómo desarrollarse y actuar para disfrutar el proceso existencial y la consciencia de placer para lo que tenemos la capacidad de crear con potencial ilimitado?

Otra vez, no necesitamos entender el proceso existencial para estar en armonía con él, pero eso no nos exime de enfrentar experiencias que no deseamos. Dios, la dimensión *Madre/Padre* de la Consciencia Universal no nos va a resolver nuestros problemas que se generan por nuestro desconocimiento del proceso existencial y su propósito a través nuestro, a través de la especie humana universal, a través de la dimensión *Hijo* de la Consciencia Universal. Dios guía nuestro desarrollo racional para hacernos partes conscientes de Ella/Él, si lo deseamos y hacemos lo que tenemos que hacer por nosotros mismos.

Frente a lo que acabamos de decir, notamos que no hemos dicho casi nada del aspecto teológico del proceso existencial, de la relación entre Dios y el ser humano, o entre las dimensiones *Madre/Padre* e *Hijo* de la Consciencia Universal. Es porque no es parte del propósito de este libro. Este aspecto se cubre extensamente en los libros de referencias. Todos los libros de las referencias (A) y (B) del Apéndice tienen referencias cruzadas en todos los tópicos de interés del ser humano con respecto a su relación e interacción con Dios para unos, o con el proceso ORIGEN o UNIVERSO para otros.

Ahora bien.

JUAN CARLOS MARTINO

Regresando al aspecto energético del proceso existencial, a pesar de contar con el *Principio Primordial* la consolidación buscada por la ciencia como Teoría Unificada sólo será alcanzable conceptualmente. Esto se debe, como fue notado, a que la expresión del *Principio Primordial* tiene términos en dimensiones espaciales y temporales a las que nunca podemos alcanzar físicamente ni están a nuestra disposición en tiempo real.

Esto parecería la conclusión final en la búsqueda de la Teoría Unificada, tal como planteamos al final de la sección I.

Pues no.

Ahora que podemos entender la consolidación que tiene realmente lugar en la Unidad Existencial y por qué las leyes de nuestro universo son de validez local, es que podemos ponernos en el camino de explorar íntima, individualmente el proceso existencial en todas sus dimensiones y entender sus efectos en nuestra estructura humana, particularmente la de cada uno, y comenzar a actuar para eximirnos de esos efectos... totalmente.

Más aún y más importante que esto es que podemos tener la experiencia de interactuar íntima y conscientemente con nuestro proceso ORIGEN, y desde nuestro entorno hacernos, y valga la redundancia, partes conscientes de él.

Ya tenemos idea de la Unidad Existencial y de su proceso del que somos unidades de consciencia. Ya sabemos adonde estamos esperados llegar, retornar en realidad, pero el camino para llegar allí debe ser construído por cada uno por sí mismo. No hay ningún camino particular para nadie que no sea fruto de su propia creación. Hay orientaciones primordiales válidas para todos para hacer, "construir" ese camino particular para cada uno.

La expresión que describe globalmente a la Unidad Existencial, una Serie de Fourier compleja general que no tiene objeto escribir aquí, nos muestra que en cada período de recreación de las unidades de consciencia tenemos siempre infinitas posibilidades para "construir" nuestro camino, nuestras experiencias de vida desde el nivel de consciencia primordial dado por el estado de sentir-

138

se bien[Refs.(A).1, 2, 3, 4, 8; (C).1], que es el estado desde el que desarrollamos nuestro arreglo de identidad temporal cultural por el que llevamos a cabo el proceso racional de entendimiento del proceso existencial, por una parte, y de creación de las experiencias de vida, por otra parte.

La Serie de Fourier muestra que la Consciencia de la Unidad existencial se alcanza por cualquier arreglo, de entre los infinitos posibles, de relaciones causas y efectos que podemos generar en un entorno particular: el entorno de la FORMA DE VIDA PRIMORDIAL, entorno de las dimensiones *Madre/Padre* e *Hijo* de la Consciencia Universal, cuya referencia es el Espíritu de Vida, la componente eterna de la Consciencia Universal.

Por otra parte, para la ciencia, ya entendemos que las leyes de nuestro entorno del universo son válidas en nuestro entorno, ni siquiera son válidas en todo el universo, aunque son versiones de la Serie de Fourier Primordial.

Como se nos ha dicho en diferentes tiempos de la presencia de la especie humana en la Tierra,

la incertidumbre asociada a esta realidad energética es lo que nos permite ejercitar el poder de creación; y si así lo deseáramos, cuando aprendemos cómo hacerlo es que podemos trascender al nivel absoluto[Refs.(A).2, 3, 4; (C).1].

Ahora podemos visualizar cuatro entornos de la estructura energética de la TRINIDAD PRIMORDIAL sobre la que tiene lugar el proceso existencial, Figuras A1, y A5 a A9 en el Atlas, a saber,

dominios energéticos primordiales de gravitación e inducción (GRA o D_1; IND o D_2), subdominio de circulación k (es el dominio material), y la estructura de interacciones de la Consciencia Universal C_U. Esta estructura descripta a su vez por una sub-Serie de Fourier tiene una componente energética constante que es la suma de las variaciones y entretenimientos de energías de todas las estructuras materiales, y una componente invariable de reconocimiento de sí mismo, de las interacciones entre estructuras de información y experiencias de vida, el Espíritu de Vida. Frente a esa componente eterna, Espíritu de Vida, tienen lugar las interacciones entre los universos o dimensiones de vida *Madre/Padre e Hijo*; este último es el universo en el que estamos. La especie humana en la Tierra es parte de la Especie Universal Consciente de Sí Misma en esta dimensión de desarrollo de consciencia.

Como vemos, llegar a la configuración de la Unidad Existencial es apenas el inicio de nuestra exploración energética real del proceso existencial consciente de sí mismo, la exploración de Dios a Quién, por otra parte, siempre podemos experimentar y en cualquier momento a través de nuestra vivencia por el *amor* primordial, no por nuestras versiones limitadas, condicionadas culturalmente [Todas las Refs.(A), y (C).1].

Atlas

de la Unidad Existencial,
hiperespacio de existencia multidimensional de naturaleza binaria,

para la exploración del proceso
Existencial Consciente de Sí Mismo, Dios

ÍNDICE DE ILUSTRACIONES

AT I

ATLAS

Figura A1.
Hiperespacio multidimensional de naturaleza binaria.
Descripción por *geometría binaria*.

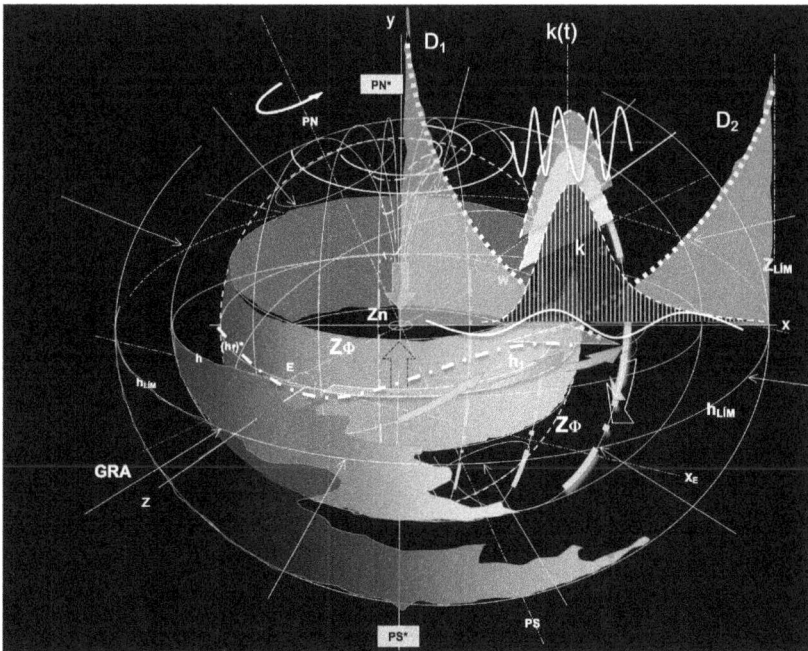

Dos dominios energéticos D_1 y D_2 convergen definiendo el subdominio material (k).

Dominios energéticos son distribuciones de asociaciones de sustancia primordial que tienen una estructura de asociación o vinculación particular con respecto a un entorno de referencia absoluta, $Z\Phi$, y una frecuencia de redistribución común a la que llamamos *frecuencia portadora*.

La vinculación particular es exponencial decreciente hacia el entorno de convergencia ZΦ.

La vinculación exponencial es la natural (de base e, ver la sección Naturaleza Energética de la Constante Matemática e) bajo la que se distribuye la presencia de cargas primordiales dentro de un entorno cerrado absolutamente.

En este caso D_1 y D_2, y todo lo que hay dentro de la Unidad Existencial, dentro de la superficie límite $Z_{LÍM}$, tienen la misma frecuencia o período de redistribución, pero de <u>diferentes gradientes hacia la hipersuperficie de convergencia</u> ZΦ dado que sus configuraciones espaciales (dentro y fuera de ZΦ) y volúmenes son diferentes.

D_1 y D_2 se comportan como dos "mantas" que tienen hebras espirales que convergen en hΦ de ZΦ.

La convergencia en hΦ genera la estructura de circulación k que se re-arregla en dos hiper galaxias o dos universos Alfa y Omega (ver Figura A14).

La convergencia tiene infinitas componentes de asociaciones temporales (galaxias, constelaciones y sistemas estelares, entornos de convergencia y divergencia, y materia residual) que conforman el dominio material de la estructura de circulación k.

La estructura de circulación k se describe por infinitas componentes temporales senoidales y cosenoidales conforme a la *Serie de Fourier*, a la versión en nuestro dominio del *Principio Primordial*.

Las componentes senoidales y cosenoidales son naturales; son las pulsaciones que generan las asociaciones y disociaciones de unidades de cargas primordiales que en el límite son esferas dentro de una hiperesfera, la Unidad Existencial.

La componente fundamental de la *Serie de Fourier* que describe a la Unidad Existencial es sobre la que se halla "montado" el universo, nuestro universo, la hiper galaxia Alfa. Ver la línea punteada $(h_1)^*$ de la Figura. **El valor medio de esta componente fundamental es el que tiene la relación *circulación a rotación* (Ξ/e*)= *1*, que corresponde a la Temperatura Absoluta de 0°K.**

En el manto de sustancia primordial hay un gradiente de carga desde la periferia $Z_{LÍM}$ hacia el centro $Zn^{Ref.(A).1}$. Sobre este manto se distribuyen las asociaciones del mismo.

Ahora bien.

La sustancia primordial es de naturaleza binaria; luego, sus asociaciones, particularmente las de primera generación, son unidades de cargas binarias, o asociaciones de unidades de cargas binarias, por lo que hablar de distribuciones exponenciales D_1 y D_2 con un gradiente neto de convergencia decreciente hacia la hipersuperficie de convergencia $Z\Phi$ requiere de una atención especial.

NO ES NADA FÁCIL VISUALIZAR LAS HEBRAS ENERGÉTICAS NI LA CONVERGENCIA DE ELLAS EN LA UNIDAD EXISTENCIAL.

Las unidades absolutas de carga primordial son unidades de frecuencia (pues el volumen de las unidades absolutas, del elemento de sustancia primordial, es UNO absoluto [o es (1/∞) en relación a nuestro uno (1) en nuestro entorno energético].

En $Z_{LÍM}$ su circulación es infinita y su rotación es nula.

Luego, las distribuciones de frecuencias de las unidades de circulación del manto decrecen desde $Z_{LÍM}$ hacia Zn a lo largo de hebras de redistribución de los ejes de rotaciones de las unidades de circulación.

En Zn se generan asociaciones de elementos de sustancia primordial, las partículas primordiales, y las de éstas en unidades de circulación que se desplazan y asocian sobre $h\Phi$, en el hiperanillo del entorno de circulación $Z\Phi$.

Tenemos una hebra de <u>circulación máxima</u> en $Z_{LÍM}$, hebra de una dimensión de <u>asociación máxima superficial</u> (partícula

en dos dimensiones) desde $Z_{LÍM}$ hasta asociación nula superficial en Zn de unidades con máxima rotación, máxima frecuencia (no perder de vista el manto energético en el que se halla inmersa la asociación, manto que conforma dimensión primordial de hebras); sobre esta hebra de circulación se modula otra hebra en otra dimensión de asociaciones por la asociación de núcleos desde Zn hasta $Z\Phi$ cuyas asociaciones crecientes tienen frecuencias decrecientes.

Luego, al manto energético de unidades primordiales de rotación en $Z\Phi$ le llega, por un lado, una redistribución de unidades de circulación superficial (plana) desde $Z_{LÍM}$ con un gradiente decreciente de asociación sobre un manto de unidades con frecuencia creciente; y por el otro lado, desde Zn le llega una redistribución de asociaciones de núcleos crecientes sobre el mismo manto de unidades de frecuencia decreciente que para esta redistribución desde Zn se ve como creciente.

En otras palabras, sobre $Z\Phi$ hay una convergencia de dos hebras: de circulaciones planas desde $Z_{LÍM}$ y de circulaciones espaciales (o núcleos) desde Zn sobre un manto de unidades absolutas de rotación mínima en el entorno de convergencia $Z\Phi$.

Las dos hebras binarias son las hebras de *circulación plana* y de *circulación espacial* (núcleos), que tienen lugar sobre mantos de *unidades de rotación* decrecientes hacia $Z\Phi$ que conforman las atmósferas de las hebras.

Las distribuciones exponenciales D_1 y D_2 son distribuciones de *densidad de circulación superficial* (en $Z_{LÍM}$) y *espacial* (en Zn) cuya convergencia genera la *circulación lineal* en $h\Phi$.

En el nivel primordial absoluto son distribuciones de *masa* (D_1) dada por la cantidad de hiperrotación de cada elemento de espacio (por todas las hebras radiales que convergen a Zn), y *frecuencia* (D_2) de rotación del elemento espacial, ambos relativos al valor medio en el entorno de convergencia $Z\Phi$).

Figura A2.
Manto de sustancia primordial.

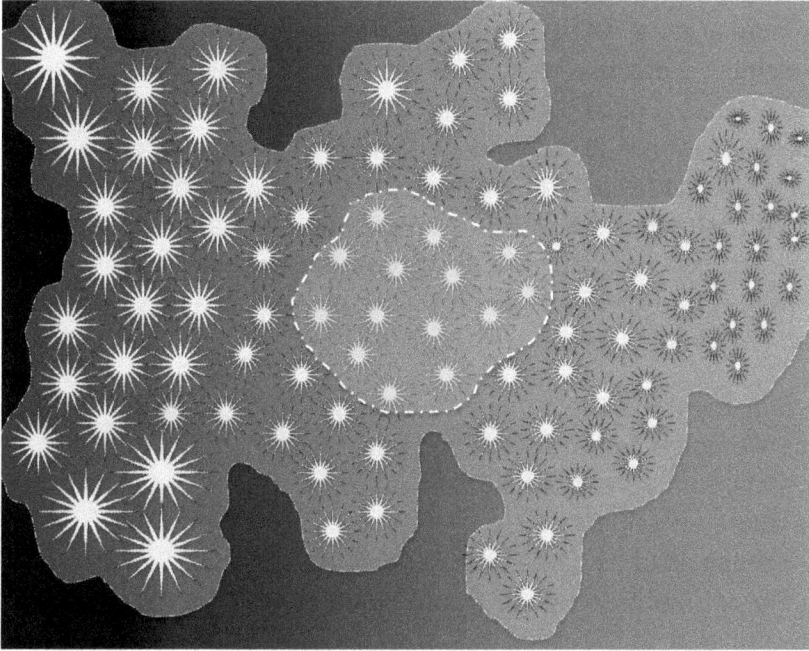

Entorno infinitesimal del manto energético primordial.
Indicamos como "solecitos" a las unidades de rotación (ya que luego pulsan entre dos estados límites de rotación máxima y mínima debido a la redistribución de la pulsación primordial).

La pulsación neta en cualquier dirección del manto es casi nula desde nuestra dimensión energética. Nuestra pulsación cósmica es principalmente el resultado de la pulsación de los sistemas estelares de la galaxia.

En la Unidad Existencial, en el manto de sustancia primordial hay un gradiente de carga desde la hipersuperficie periférica Z_{LIM} hacia el centro $Zn^{Ref.(A).1}$ (gradiente que no se aprecia en entornos pequeños).

El gradiente es sólo de cantidad de carga (pues no hay asociaciones en el nivel absoluto de sustancia primordial). Ese gradiente primordial es el *campo de gravitación primordial*. Este campo se redistribuye desde el centro Zn con otro gradiente debido a las asociaciones, lo que confiere otro gradiente de frecuencia de las asociaciones que va a introducir lo que luego reconocemos como *constante de tiempo*, un gradiente de rapidez de redistribución.

La ilustración nos muestra un entorno del manto de fluído primordial, con un gradiente de cargas decreciente de izquierda a derecha. Ese gradiente es la *fuerza de campo* en esa dirección espacial de este entorno.

Supongamos que se genera una asociación como la mostrada por el entorno cerrado por la línea punteada.

Este entorno cerrado es una circulación local, como se muestra ahora en la Figura A3.

La densidad de carga neta del entorno cerrado es igual a la del punto del manto ocupado por el punto central, por el núcleo Z'n de la unidad de circulación; pero, la distribución interna sobre todo el entorno de circulación es diferente a la del manto externo que sustenta a la unidad de circulación, tal como mostramos para uno de sus componentes por el pulso decadente desde Z'n.

La reconfiguración del entorno es la típica que observamos en toda célula energética, en toda unidad de circulación, en todo sistema atómico, estelar o galáctico.

Hay una redistribución radial hacia el núcleo Z'n. Esta redistribución es el *campo gravitatorio local*, o el campo del entorno de inserción de la partícula material.

La reconfiguración radial se modula a su vez, por la pulsación que proviene desde todas las direcciones del manto energético y la que se redistribuye desde el núcleo Z'n. Esta modulación es la que se ilustra por su componente fundamental mostrada en el pulso senoidal decadente desde Z'n.

Figura A3.
Inserción de una partícula en un manto de cargas.

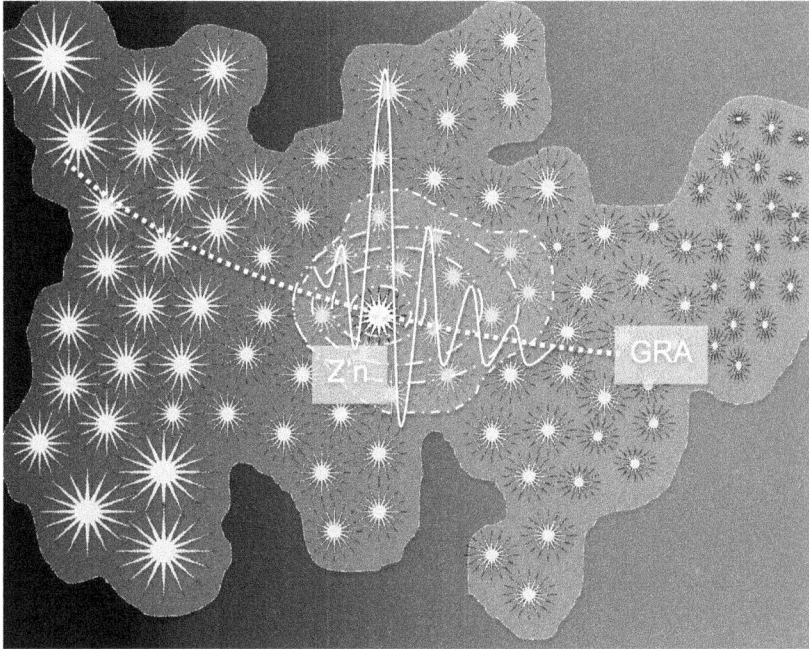

Toda asociación de sustancia primordial es un *entorno de circu-lación* con respecto al manto energético; éste es una entidad continua de unidades de circulación en el nivel primordial, y su distribución espacial ofrece una *transferibilidad* máxima (inmensurable con respecto a la de nuestro manto) a cualquier perturbación o excitación que tenga lugar en él.

Figura A4.
Hueco en la "nada".

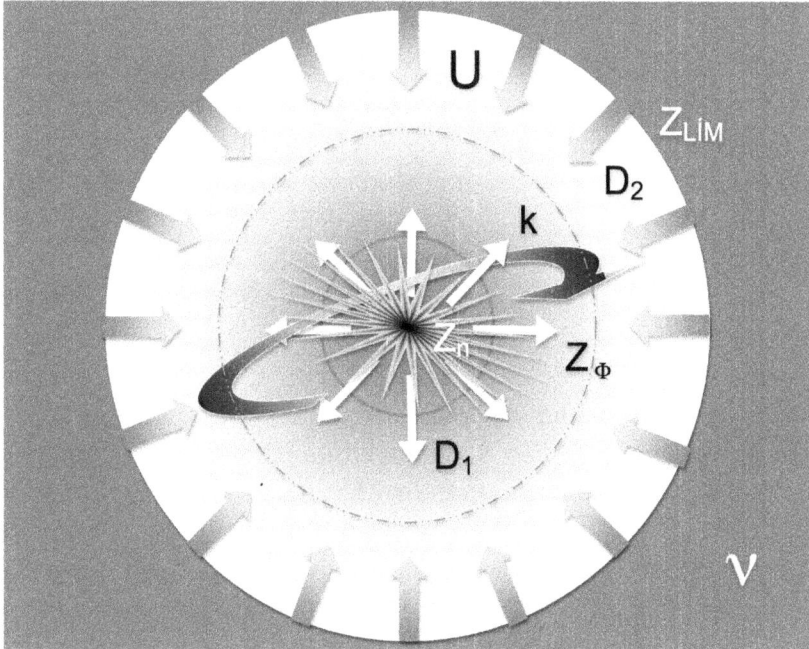

Podemos imaginar el espacio de existencia como un "hueco" en la nada absoluta, en la infinidad absoluta que hay afuera del "hueco" dentro del cuál sí hay existencia.

El cierre absoluto del espacio de existencia, de la configuración de la presencia eterna, se expresa como *Principio de Exclusión Mutua Entre Existencia y No Existencia.* Dentro del espacio de existencia no puede haber un solo punto que no tenga un elemento de la sustancia natural de la que todo se genera y re-crea cuya presencia establece y define el espacio de existencia. O dicho de otra manera, no hay un solo punto dentro del espacio de existencia en el que haya vacío absoluto. Siempre hay presente sustancia primordial. Los intersticios entre elementos absolutos de sustancia son siempre rodeados de sustancia en contacto entre sí. Hay continuidad absoluta en el volumen de sustancia primordial.

La existencia anula la no-existencia dentro de ella, y viceversa; pero la no existencia permite la consciencia de la existencia. **Naturaleza binaria de la existencia significa que ella no se puede reconocer a sí misma sino por la no-existencia fuera de ella.**

Energéticamente, la no-existencia es estimulación fundamental del proceso existencial, pues en la periferia existencial, en $Z_{LÍM}$, se genera la *pulsación existencial*$^{Ref.(A).1, \ secc. \ Pulsación}$; y es la estimulación fundamental del proceso racional para el desarrollo de consciencia de la eternidad y de entendimiento del mecanismo de re-creación de las unidades de proceso temporales que permiten y sustentan el acceso a la estructura de Consciencia Universal eterna$^{Ref.(A).4}$.

La consciencia de sí misma de la existencia, del proceso existencial, es posible por la naturaleza binaria de la sustancia primordial que estimula la formación de la <u>unidad binaria de interacciones que se reconoce a sí misma entre estados opuestos</u> frente a una referencia absoluta con la que conforma la estructura TRINITARIA PRIMORDIAL.

La consciencia de sí mismo del proceso existencial es un proceso de intercambios de información y comparaciones entre experiencias del proceso frente a diferentes parámetros de interacción; <u>experiencias en relación a un estado de proceso de referencia absoluto, eternamente inmutable</u>, que en nuestro nivel reconocemos como el *estado de sentirnos bien*.

Figura A5.
Capacitor Binario.

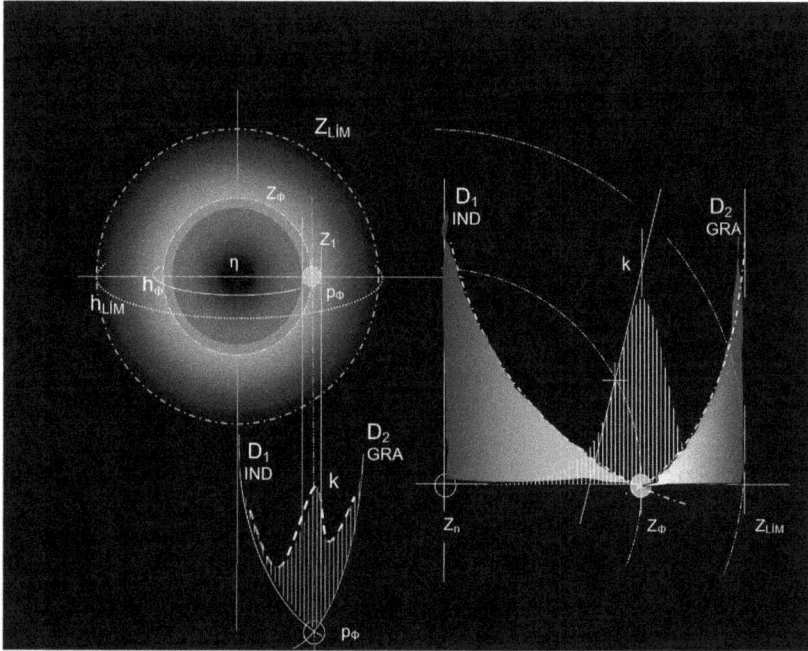

Todo manto energético es una distribución de *unidades de circulación y unidades de rotación*, o de relación $[\Xi/e^*]$ [Ref.(A).1].

La naturaleza binaria de la sustancia primordial (volumen espacial con una cantidad de carga o de rotación) permite considerar a la Unidad Existencial como un colosal volumen de cargas primordiales cuya estructura de distribución es la de un *capacitor binario*: dos dominios de distribuciones de cargas con diferentes constantes de tiempo separados por una superficie media, una hipersuperficie de convergencia de redistribuciones.

En un *capacitor eléctrico* tenemos una distribución de electrones, de unidades de carga eléctrica, y la redistribución consiste en eliminar la diferencia de densidad de cargas entre una placa y otra del capacitor (entre $Z_{LÍM}$ y Z_n en la Unidad Existencial).

Las placas del capacitor tienen la misma relación estructural [Ξ/e*] (unidades de circulación Ξ y rotación e*) con una cantidad diferencial de unidades de rotación disponibles (cargas "libres") dadas por una fuente de cargas (fuente de potencial continuo V_{CC}) pero la relación [Ξ/e*] es diferente en el manto entre ellas, lo que introduce una rapidez o constante de tiempo de redistribución.

En el *capacitor binario* tenemos las mismas cargas primordiales en todo el manto, con diferentes cantidades de cargas en los entornos $Z_{LÍM}$ y Zn, y tenemos diferentes distribuciones [Ξ/e*] de los componentes binarios del manto energético entre $Z_{LÍM}$ y Zn, lo que afecta la rapidez de redistribuciones de las cargas primordiales en $Z_{LÍM}$ y Zn.

¡ATENCIÓN!

En el capacitor eléctrico se forma una hipersuperficie media entre ambas placas, dada por la densidad media de electrones entre una placa y otra (obviamente no vemos esta hipersuperficie dentro del capacitor, pero existe energéticamente cuando el capacitor es energizado). Es el valor medio de los electrones del manto entre las placas, valor alrededor del que varía la oscilación de los electrones durante un proceso de oscilación sostenida (como ocurre en una configuración de un oscilador permanente).

En el capacitor binario, la pulsación desde todos los puntos de los entornos límites, o las hipersuperficies límites Zn y $Z_{LÍM}$, genera una circulación (k) sobre el hiperanillo preferencial ecuatorial hΦ de la hipersuperficie de convergencia ZΦ.

Más adelante veremos que *capacitor binario*, un arreglo de dos dominios de cargas (entornos con diferentes constantes de tiempo de redistribución), la Unidad Existencial y un arreglo RLC (Resistor-Inductor-Capacitor) en paralelo del subespectro electromagnético (ELM) son absolutamente análogos. Todos son espacios cerrados por distribuciones que convergen a un entorno y que se describen por sus gradientes de convergencia [(L, C) o (D_1, D_2)].

Figura A6.
Intersección de los dominios primordiales D_1 y D_2 de distribuciones de sustancia primordial y sus asociaciones, que resultan en el subdominio material, k.

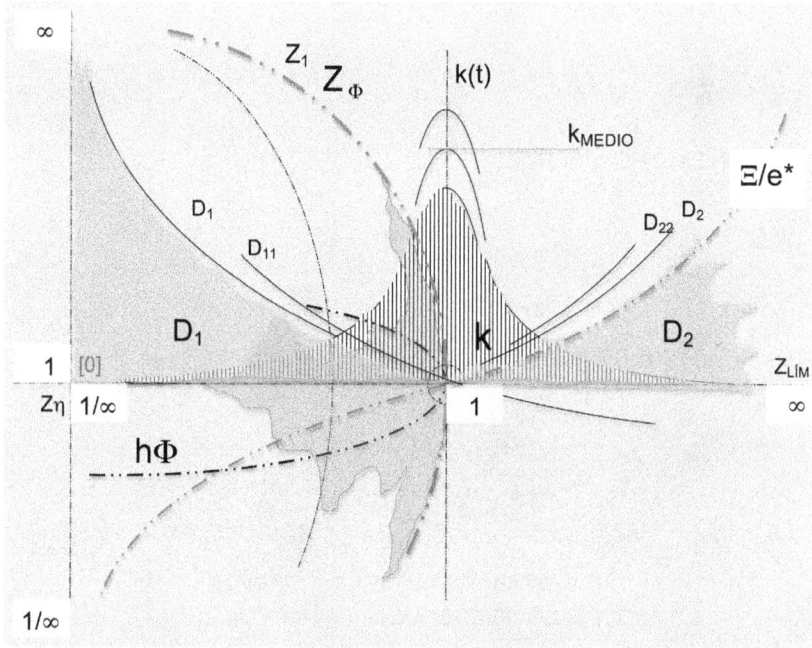

Curvas de distribuciones energéticas D_1 y D_2, hacia $Z\Phi$; y de k, la circulación alrededor de, y sobre la hipersuperficie $Z\Phi$.

Notemos la distribución de temperatura dibujada aquí como la relación $[\Xi/e^*]$.

Nuestra temperatura absoluta de $0°K$ es la que corresponde a la relación $[\Xi/e^*] = 1$, en $Z\Phi$ [Ref.(A).1].

En $Z_{LÍM}$ $\rightarrow$ $[\Xi/e^*] = (\infty)$
en $Z\Phi$ $\rightarrow$ $[\Xi/e^*] = 1$
en Zn $\rightarrow$ $[\Xi/e^*] = (1/\infty)$

La temperatura en el centro de las nuclearizaciones es "fría".

Nuestras mediciones de temperatura tiene que ver con la longitud de onda de la pulsación o la magnitud de la variación de la estructura de circulación (variación de volumen).

Figura A7.

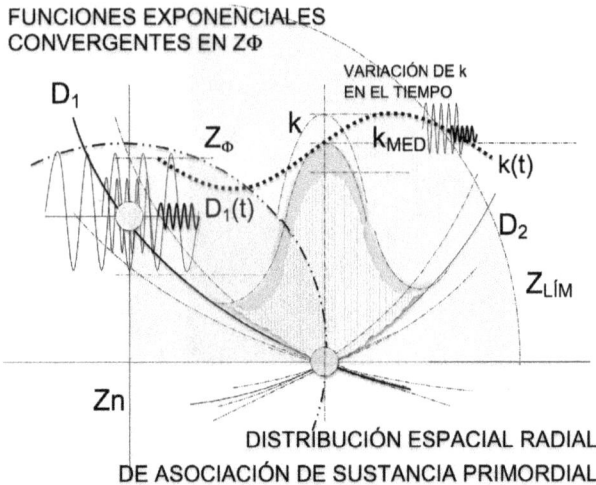

FUNCIONES EXPONENCIALES CONVERGENTES EN ZΦ

VARIACIÓN DE k EN EL TIEMPO

D_1

Z_Φ

k

k_{MED}

k(t)

$D_1(t)$

D_2

$Z_{LÍM}$

Zn

DISTRIBUCIÓN ESPACIAL RADIAL DE ASOCIACIÓN DE SUSTANCIA PRIMORDIAL

Las distribuciones espaciales exponenciales D_1 y D_2 en un punto p(m) de evaluación varían sinusoidalmente en el tiempo a lo largo de un período completo T_U de redistribuciones de la pulsación primordial en toda la Unidad Existencial.

Mostramos la componente sinusoidal fundamental de la estructura de circulación k(t) que en el tiempo varía alrededor de un valor medio, k_{MED}, para el que le corresponde la relación $(\Xi/e^*)=1$ cuya temperatura es 0°K, la que hemos definido como Temperatura Absoluta. Esta componente fundamental es provista por la Serie de Fourier que describe a la estructura de circulación en el tiempo, k(t), por sus componentes sinusoidales.

Figura A8.
Estructura de circulación k del componente Alfa del dominio material. Alfa y Omega son los dos componentes de la Unidad Binaria del *Sistema Termodinámico Primordial.*

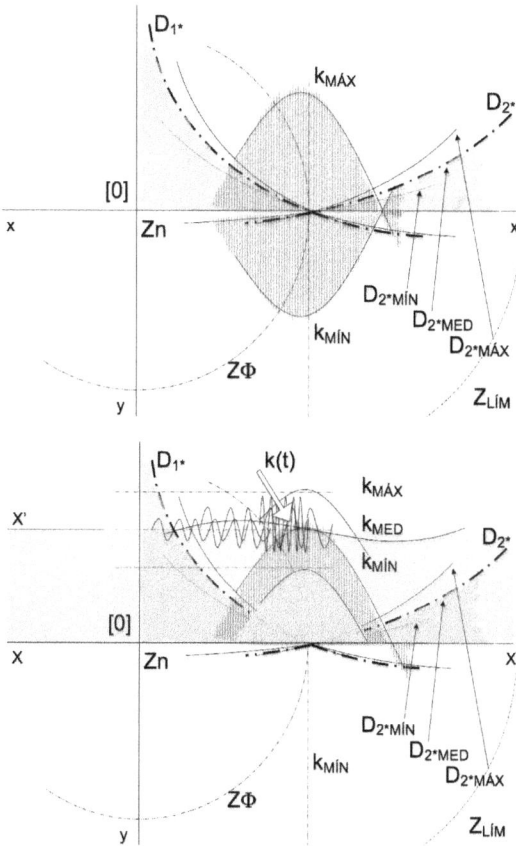

La estructura de circulación k se refiere a un valor medio k_{MED} nulo sobre el eje [x-x], detalle superior; o con respecto a un valor x' no nulo, detalle inferior.

Figura A9.
Componentes de la estructura de Consciencia Universal.

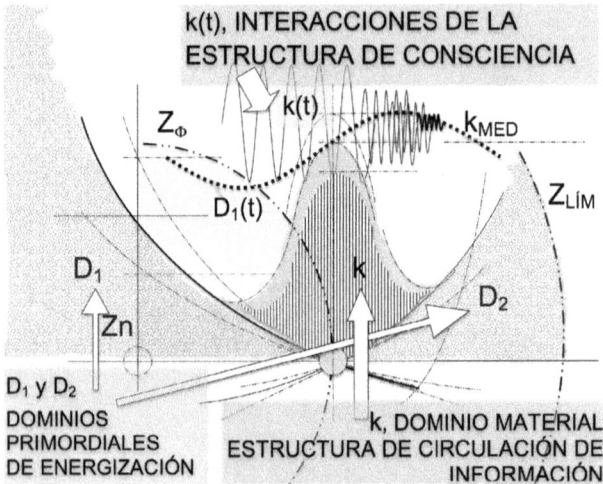

El dominio primordial de la Consciencia Universal es la dimensión de consciencia *Madre/Padre*, y el dominio material es la dimensión de consciencia *Hijo*, la especie humana en la Tierra entre otras en nuestro universo.

Ambos dominios o dimensiones son los dos componentes de la Consciencia Universal, Dios.

Figura A10.
Descripción de una función eterna por Series de Fourier.

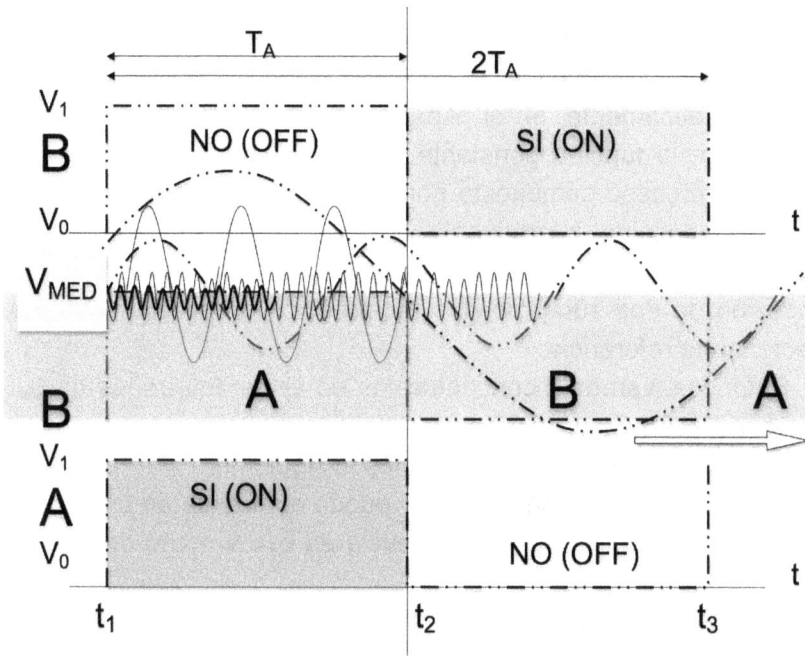

Trenes de ondas A y B de igual magnitud, período T_A (o T_B ya que son iguales) y frecuencias de repetición. La suma es un pulso de duración $2T_A$ que al repetirse eternamente (B, A, B, A, B...) resulta en una función o proceso constante V_{MED} (sombreado central).

La **Unidad Existencial de naturaleza binaria es una unidad de espacio (presencia de sustancia primordial) y su contenido de movimientos. Los movimientos son las rotaciones y sus asociaciones, de las unidades de rotación, o** *unidades de cargas primordiales*, **por disposición de sus ejes de rotaciones y ajustes de las frecuencias por carga y descarga de las rotaciones de los componentes de las asociaciones.**

Ya sea el volumen de energía, la cantidad de movimiento contenido por la Unidad Existencial, o el flujo de la estructura de CIRCULACIÓN que se establece en la Unidad Existencial, tenemos una función constante eterna. Es V_1 en la Figura A10.

Matemáticamente, en el espacio de referencia elemental, una versión de la función constante, eterna, puede ser considerada como un proceso compuesto por una sucesión absolutamente abierta o indefinida, interminable, de dos trenes de pulsos cuadrados inversos. En la realidad esto tiene lugar por la suma de una sucesión de dos sub-procesos recíprocos[a], o inversos con respecto a una referencia.

Entonces, vamos a concentrarnos en estos dos trenes de pulsos cuadrados. Figura A10.

Antes de continuar, consideremos lo siguiente.

Incluso un solo pulso cuadrado puede obtenerse en un entorno energético a partir de la convergencia en ese entorno de infinitas señales sinusoidales.

Ver más abajo la Figura A11.

¿Cómo puede un solo pulso ser establecido por una serie de infinitos componentes convergiendo en un entorno?

Es interesante desde el punto de vista energético esta inquietud por lo que la revisaremos rápidamente.

NOTA.

La generación de pulsos es muy conocida en nuestras aplicaciones electrónicas, en el subespectro electromagnético (ELM), en los sistemas de comunicación, control y procesamiento de datos, pero la revisamos rápidamente para aquellos jóvenes que se inician en ciencias.

Recordemos que estamos hablando de un pulso temporal.

En un instante dado, en un entorno de convergencia real, sobre su configuración o estado energético, y por un tiempo finito, aparece un pulso, un exceso de valor, o una deformación física de cualquier forma, pero que en el tiempo tiene la forma de un pulso cuadrado, es decir, aparece rápidamente, se mantiene, y desaparece rápidamente. Este pulso es la convergencia de infinitas componentes de una entidad energética, de una fuente, que provee esas infinitas componentes. La fuente no es infinita en dimensiones espaciales sino que tiene infinitas componentes disponibles (por innumerables). El pulso que se genera es resultado de una resonancia sobre ese entorno de convergencia causada por la convergencia de todas esas infinitas componentes. A ese cambio en el entorno de convergencia se le llama *intervalo de variación de la función*, de la entidad real que se describe por la función.

El pulso es aislado para el intervalo de tiempo considerado, el que sea. Dentro de ese intervalo podemos hacerlo repetitivo, tal como ocurre en la naturaleza, alterando ciertos parámetros en ese mismo intervalo de tiempo considerado y obtener un tren de pulsos en lugar de un solo pulso. Nosotros variamos los parámetros RLC de los circuitos resonantes de filtros, moduladores y demoduladores; es decir, variamos los *gradientes de distribuciones energéticas* en minúsculos entornos energéticos RLC.

Es importante lo que acabamos de ver porque en el proceso real no hay un intervalo absolutamente infinito dentro del cual se genere un pulso por una sola vez, sino que hablar de intervalo de tiempo infinito es referirse a un período muy largo, pero finito realmente.

Estas consideraciones nos ayudan a revisar los conceptos de infinidad en el tiempo y en el espacio.

No hay infinidad espacial en el sentido de espacio sin límites.

Hay infinidad de componentes senoidales en un entorno finito, en un entorno de variación de la función de base sobre la que se produce el pulso, la variación temporal.

No hay infinidad temporal sino como sucesión de períodos de proceso existencial. Ninguna carga, ninguna cantidad de rotación de una unidad de carga permanece eternamente sino que se recarga por el proceso de disociación y reasociación que estimula la pulsación primordial originada en la reacción de la sustancia primordial en los entornos límites $Z_{LÍM}$ y Zn Ref.(A).1, secc. Re-energización de las Estructuras Energéticas.

El pulso aislado se obtiene para una combinación entre infinitos componentes senoidales, y es aislado si esa combinación particular de infinitos componentes no se repitiera otra vez; pero repitiendo la combinación cada cierta cantidad de tiempo tenemos un pulso "aislado" dentro de otro de mayor período sobre el que se repite la combinación original, con lo que creamos un tren de pulsos.

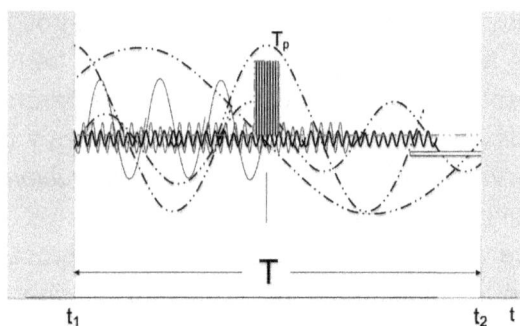

Figura A11.

Regresamos a la Figura A10.

Vamos a precisar un poco más esta descripción de una función constante por una serie de infinitos términos senoidales.

La función constante a describir por sus componentes es una función real, finita, que se compone por una distribución específica de una cantidad infinita de componentes senoidales. Esa distribución se repite periódicamente dando lugar a un tren de pulsos cuadrados T_A, y otra distribución inversa da lugar al otro tren de pulsos inversos T_B; y la suma de ambos proporciona una función constante permanentemente cuyo valor es indicado por V_{MED}.

Esta descomposición de una función dada del tiempo, incluyendo una función constante, por infinitas componentes senoidales no es solo en el espacio matemático sino que se comprueba a diario, como ya mencionamos, en todas nuestras aplicaciones en el subespectro electromagnético, en los sistemas de comunicaciones, control y procesamiento de datos.

¿Qué es energéticamente esta descomposición en el subespectro electromagnético? por una parte, pues esta descomposición no es sólo una herramienta racional, sino que ésta, la herramienta, se deriva de un comportamiento real en el proceso universo que se modela en el espacio matemático por la Serie de Fourier; y por otra parte, ¿cómo se extiende esta descomposición, o en nuestro caso, la síntesis de la Unidad Existencial a partir de todos los componentes de una estructura tan compleja como la Unidad Binaria de la estructura de circulación del *Sistema Termodinámico Primordial* de la que el universo es componente?

En las aplicaciones electromagnéticas, cada pulso T_A y T_B es el resultado de la redistribución de unidades de cargas eléctricas en dos dominios de arreglos inductivos y capacitivos (respectivamente análogos a los dominios D_1 y D_2 del hiperespacio de existencia multidimensional de naturaleza binaria), sobre un medio de referencia, un potencial de carga de referencia que tiene lugar sobre un resistor de carga R_L.

Los filtros "pasabanda" en los sistemas de comunicaciones y transferencia de datos son arreglos de componentes inductivos, capacitivos y resistivos. Con estos filtros se generan los trenes de pulsos cuadrados.

No es necesario ir a más detalles en esta aplicación simple en el subespectro electromagnético.

Ahora bien.

En la Unidad Existencial la amplitud de cada pulso cuadrado es la cantidad media del manto energético, es el valor medio de la Serie de Fourier; todas las componentes de nuestro universo se

---

conformaron y ahora evolucionan en referencia a ese valor medio. Nosotros sólo vemos una expansión y no podemos medir el valor medio inmutable sobre el que nos hallamos montados en nuestra *componente portadora* senoidal.

Nuestra portadora senoidal en el tiempo significa que el entorno en el que estamos va cambiando su densidad energética conforme a la senoidal, acercándose o alejándose con respecto al valor medio (ahora no tiene importancia si es positivo o negativo el cambio sino el hecho de que hay un cambio con respecto al valor medio, con una aceleración determinada que afecta todo cuanto evaluemos con respecto al lejano universo al que observamos en tiempo NO REAL).

Los dos componentes de la UNIDAD BINARIA [Alfa; Omega] tienen la misma cantidad de energía, la misma cantidad de cargas primordiales, la misma cantidad de rotaciones [aunque estén en espacios geométricos diferentes (adentro y afuera de la superficie $Z\Phi$), eso no importa].

Luego, cada pulso cuadrado A o B representa la presencia de la cantidad de carga total, de energía total disponible para mantener el proceso existencial en cada subdominio, aunque su distribución espacial cambia.

Como la Unidad Existencial tiene una configuración interna binaria, Alfa y Omega, cada pulso es el proceso de vida en cada hiper galaxia mientras la otra se recarga. La recarga ocurre por la convergencia de la pulsación primordial del manto energético hacia el componente que se contrae.

La conmutación entre Alfa y Omega al cabo de cada semiperíodo de carga hace que se obtenga el proceso consciente continuo, la vida sin interrupción, al transferir la vida de una hiper galaxia a la otra mientras se recarga la hiper galaxia que transfiere la vida. Este mecanismo es real. Lo vemos en una analogía en nuestro sistema solar[Ref.(A).1].

Cada pulso describe la presencia de cada hiper galaxia, el espacio en el que tiene lugar la FUNCIÓN EXISTENCIAL. Cada pulso se descompone en infinitas componentes temporales. La suma de los dos pulsos nos da el proceso existencial consciente de sí mismo sin interrupciones.

Entonces, la presencia continua, permanente del proceso existencial consciente de sí mismo, indicada por el sombreado en el centro de la Figura A10, es la suma de las infinitas componentes temporales en las que se subdivide realmente el proceso eterno.

Ahora bien.

Es importante destacar la componente fundamental de la descripción por la Serie de Fourier.

Esta componente es real en el proceso existencial sustentado en el volumen de cargas primordiales absolutamente constante de la Unidad Existencial cerrada eternamente.

La Serie de Fourier se deriva del *Principio Primordial de Armonía* que se describe por una expresión que en nuestro dominio material tiene su versión en ella, en la Serie de Fourier.

El proceso existencial tiene una componente alterna fundamental, la *componente "portadora" del proceso existencial*, de período inmutable; componente sinusoidal con respecto a un valor medio constante absoluto; es la de mayor período que es igual a la suma de los semi-períodos (T_A+T_B). Este período $T=(T_A+T_B)$ es el período de re-energización de la Unidad Existencial (durante cada medio período se recarga cada hiper galaxia), y es el período de recreación de la Unidad Binaria [Alfa-Omega] que sustenta el proceso consciente de sí mismo, la FUNCIÓN EXISTENCIAL.

Veamos la Figura A12.

Nuestro universo se halla "montado" en la componente senoidal fundamental. Esta componente es la componente "portadora" del proceso consciente de sí mismo; es la componente sobre la que se establece todo lo que define al dominio material.

Figura A12.
Sistemas Galaxia, Solar, Tierra, "montados" en la portadora UNIVERSO.

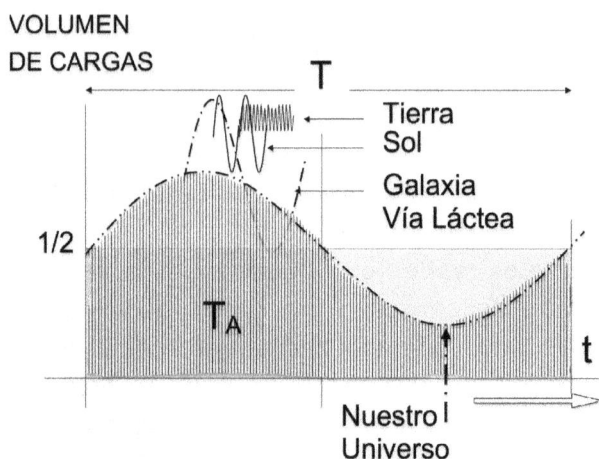

(a)
Definimos reciprocidad como la interacción opuesta entre dos entidades que intercambian energía, en el que ganan o pierden energía con respecto a un valor o estado de referencia del medio o manto energético que sustenta la interacción, de manera que se mantiene el valor medio del manto energético.

Figura A13.
Unidad Existencial.
Estructura en "Capas de Cebolla".

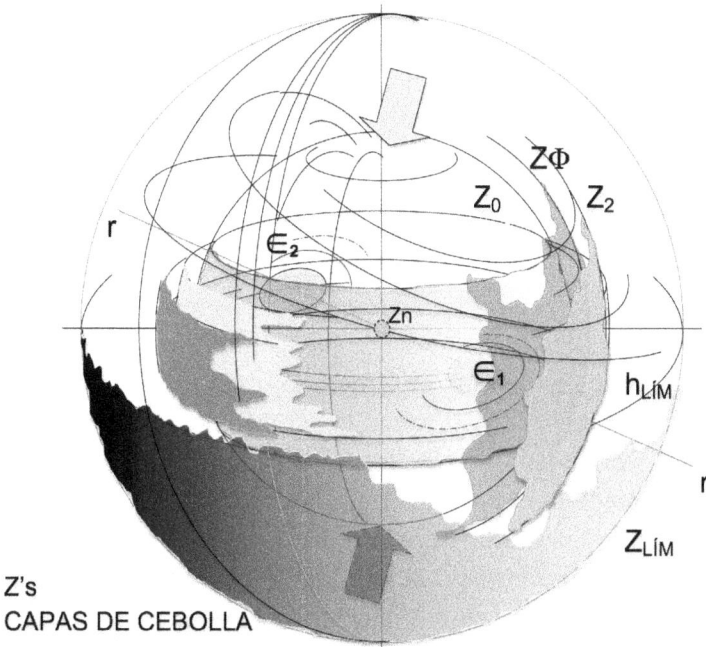

Z's
CAPAS DE CEBOLLA

Nuestro universo es la hiper galaxia Alfa, aquí indicada como $\in_1$.

Estamos, la especie humana en la Tierra, en nuestro universo (la hiper galaxia Alfa, $\in_1$), en el "centro" energético del hiperespacio de existencia, en la hipersuperficie de convergencia energética $Z\Phi$ de la Unidad Existencial; en el dominio material, en el entorno de convergencia de los dos sub-dominios D_2 y D_1, subdominios de asociación y disociación, respectivamente, de la sustancia primordial y las partículas primordiales.

En un hiperespacio multidimensional de naturaleza binaria hay un centro geométrico Zn, que es también el núcleo energético de la Unidad Existencial, y un "centro", un entorno energético, que es la hipersuperficie ZΦ de convergencia energética, extraordinario entorno en el que estamos manifestados.

Nuestro universo es un entorno ($\in_1$) o el "vecindario" de la Unidad Existencial que alcanzamos desde la Tierra.

Nuestro universo se desarrolló a partir de la expansión de un "paquete" de energía de la Unidad Existencial luego del "disparo" del Big Bang, del evento de expansión de ese "paquete" de energía.

Hubo esa expansión, aún en progreso, pero no es como se interpreta hasta ahora.

La expansión se ve como "explosión" inicial solo por la dimensión del tiempo en la que nos encontramos. En realidad, la expansión fue y sigue siendo una curva logarítmica suave; un entorno, nuestra galaxia, tuvo otra curva logarítmica con otra pendiente de desarrollo inicial. La pendiente inicial de redistribución de un entorno depende de los parámetros, de los gradientes del manto energético y los de la estructura de asociación que se redistribuye.

Recordemos que la descomposición de un semiperíodo de proceso (de Alfa u Omega) tiene infinitas componentes con diferentes períodos (o frecuencias) de re-energización y pasos de evolución. Lo vemos en la descripción matemática de la Unidad Existencial eterna por la herramienta racional de *Series de Fourier*. **Tenemos una estructura de modulación del manto energético en "capas de cebolla"; una estructura de asociación material se redistribuye rápidamente en relación a su "capa", a su subportadora, y ésta tiene luego otra pendiente más suave en el tiempo hacia su propia portadora.**

Figura A14.
Componentes de la Unidad Binaria del Sistema Resonante de la Unidad Existencial.

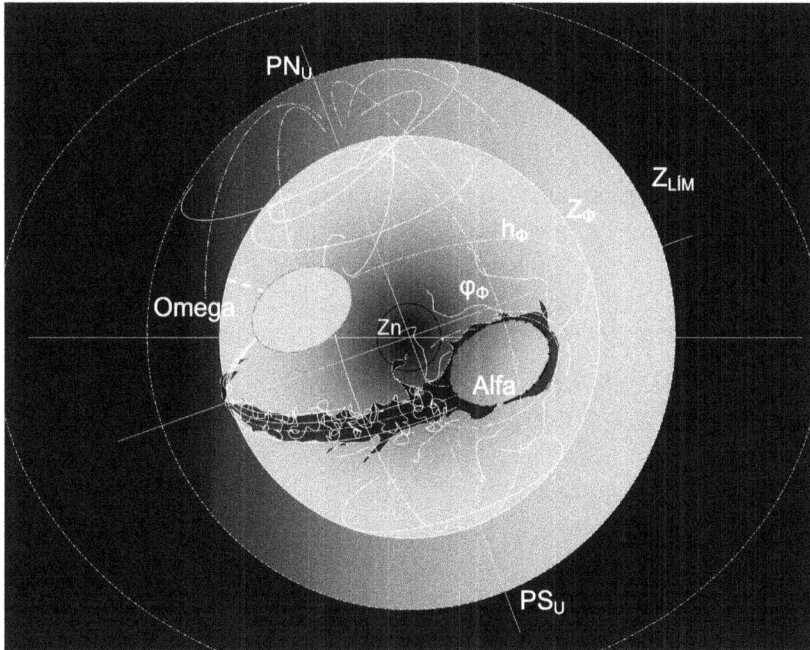

Las espirales ecuatoriales (no mostradas, que convergen al hiper-anillo hΦ) interactúan con las espirales polares que convergen sobre la hipersuperficie de convergencia ZΦ (sólo se muestra parte de la espiral polar norte, PN$_U$).

El Universo Absoluto, Unidad Existencial, es descripta energética y funcionalmente por el *Modelo Cosmológico Consolidado Científico-Teológico*, mientras que el Modelo Cosmológico Standard de la NASA solo describe nuestro universo, la hiper constelación Alfa en esta ilustración, que es componente del sistema binario Alfa y Omega de la Unidad Existencial.

   Las dos hiper galaxias Alfa y Omega son dos "continentes" inmersos en el "océano" o manto *de fluído primordial*.

Las dos hiper galaxias Alfa y Omega constituyen el arreglo material de la FORMA DE VIDA PRIMORDIAL, de la estructura que alberga las unidades de inteligencia, las formas de vida cuyas interacciones son parte de la estructura de Consciencia Universal que tiene lugar en el dominio primordial del manto energético en el que todo se halla inmerso, en el "líquido amniótico primordial", en el manto de fluído primordial.

La estructura de Intermodulación del manto energético es consciente de sí mismo.

¡ATENCIÓN!
CALENTAMIENTO GLOBAL EN LA TIERRA.
Esta interacción entre las espirales ecuatoriales y polares es a la que debe prestarse atención para explorar el efecto de las actividades humanas en el deterioro de la capacidad natural del planeta de mantener las condiciones energéticas que permiten y sustentan la concepción de formas de vida y sus desarrollos.

LA TIERRA ES ESTACIÓN REMOTA DE CONCEPCIÓN DE VIDA ABSOLUTAMENTE ANÁLOGA A LA UNIDAD EXISTENCIAL, A OTRA ESCALA ENERGÉTICA.

El ser humano lleva impreso en su estructura energética al proceso existencial del que es una "copia" a *imagen y semejanza*.

Figura A15.
Unidad Existencial.
Estructura en "Capas de Cebolla".

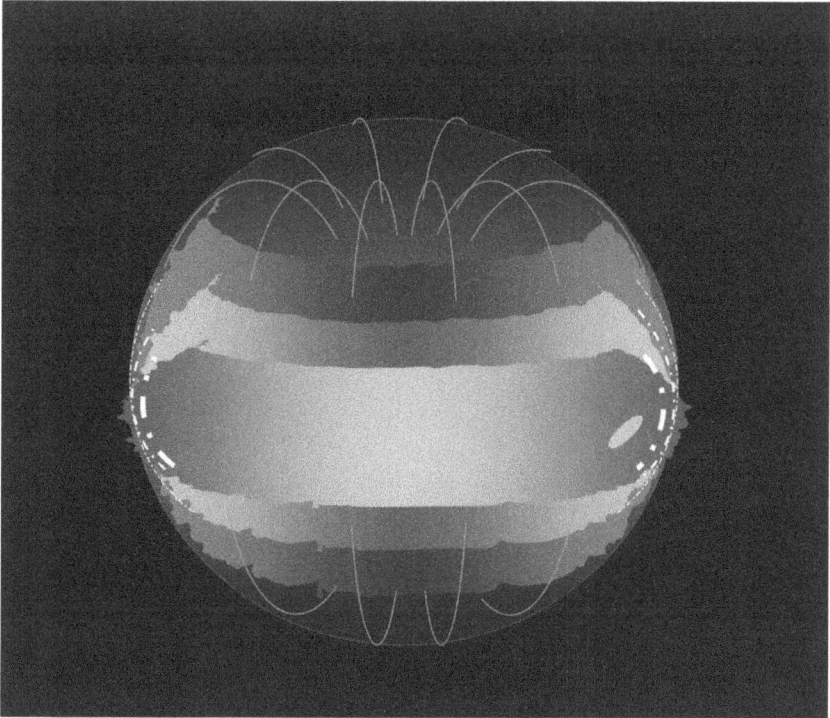

Estructura Multidimensional en "Capas de Cebolla".
Nuestro universo es el área indicada por el pequeño óvalo de la derecha. Nuestro universo es la hiper constelación Alfa de la estructura binaria Alfa y Omega de la Unidad Existencial que se ven en las otras ilustraciones (más adelante) como las estructuras $\in_1$ y $\in_2$, o también $\in^{(-)}$ y $\in^{(+)}$ respectivamente.

Universos "paralelos".

Sobre las diferentes "capas de cebolla" de la estructura energética de la Unidad Existencial, estructura que se transfiere al universo, a la hiper galaxia, es que se desarrollan entornos energéticos, planetas, que permiten la concepción y desarrollo de formas de vida en diferentes niveles de inteligencia o de capacidad racional desarrollada para hacerse conscientes de sí mismas, en realidad para acceder a los diferentes niveles del arreglo de la Consciencia Universal presente en la intermodulación del manto energético.

Figura A16.

Analogía entre la Unidad Existencial y los Arreglos Resonantes RLC en paralelo.

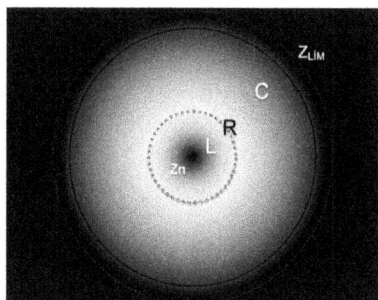

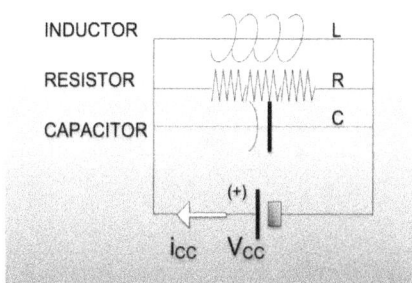

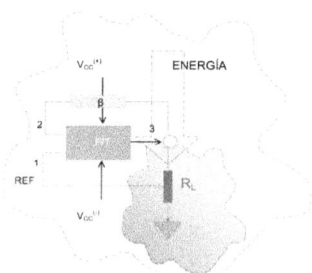

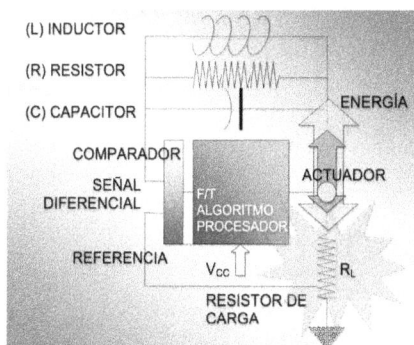

Los componentes de un arreglo RLC en paralelo del subespectro electromagnético (ELM) son análogos a los componentes k, D_1 y D_2, respectivamente, de la Unidad Existencial.

En realidad, no es el arreglo RLC en paralelo sino el sistema oscilante, resonante con un arreglo RLC en paralelo, lo que es análogo a la Unidad Existencial.

Los componentes R, L y C, por separado, son volúmenes de distribuciones de las relaciones entre *unidades de circulación y de rotación*, de la relación [Ξ/e*], que tienen una capacidad de redistribuir cargas eléctricas a constantes de tiempo conformes a esas distribuciones.

En el capacitor C hay una relación [Ξ/e^*] en las placas y otra en el dieléctrico entre ambas placas; en el resistor R esta relación es básicamente uniforme en todo el volumen del resistor; en el inductor L hay una distribución potencial (realmente es exponencial) de esta distribución.

Figura A17.

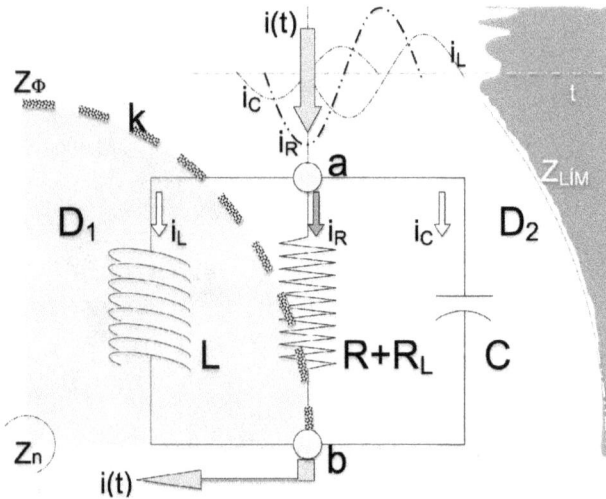

NOTA.

La configuración RLC en paralelo es análoga al capacitor binario o a la Unidad existencial, hiperesfera de cargas primordiales.

   La configuración en **serie RLC** es análoga a una hebra radial entre $Z_{LÍM}$ y Z_n. La hebra radial es en realidad una hebra espiral. La fuente de potencial en la hebra radial es la diferencia energética entre el punto en $Z_{LÍM}$ y Z_n. La hebra se cierra por dentro de V_{CC} en la configuración RLC; y en la Unidad Existencial se cierra a través de los puntos intersticiales de

vacío que hay en el manto de unidades de cargas primordiales.

El resistor R tiene una distribución de la relación *circulación a rotación (Ξ/e*)*[Ref.(A).1] uniforme en todo su volumen; el capacitor y el inductor tienen una distribución lineal (tramo "lineal" de la exponencial) y exponencial respectivamente.

Los cambios de la relación de *circulación a rotación* generan pulsaciones senoidales de diferentes longitudes de onda (intensidades o magnitudes) y diferentes freecuencias.

Estos cambios se ven en subespectros diferentes: infrarrojo, electromagnético, visible y ultravioleta.

La redistribuciones de cargas eléctricas en el capacitor C e inductor L (decimos que son redistribuciones de electrones) son opuestas, de modo que en algo común a ambos, en una superficie común que separa el interior del *capacitor* (análogo a D_2 de la Unidad Existencial) del interior del *inductor* (análogo a D_1 de la Unidad Existencial), se establece un valor medio de esas dos redistribuciones; es el valor medio alrededor del que va a oscilar luego el sistema resonante que se configure con el resistor de carga R_L, la fuente V_{CC}, y el amplificador-inversor.

Circuito simple en serie [V_{CC}; R].

Analogía con la hebra radial en la Unidad Existencial.

Sea un circuito eléctrico compuesto simple en serie de una fuente de potencial eléctrico continuo V_{CC} y un resistor R conectado por un conductor del que no tenemos en cuenta nada inicialmente excepto como conductor ideal sin resistencia ni capacitancia ni inductancia.

El potencial V(t) y la corriente i(t) tienen la misma fase sobre la superficie del resistor R.

El potencial V_{CC} contenido por la fuente de potencial es una cantidad de cargas, una cantidad de rotación diferencial entre dos entornos dentro de la fuente y disponible para redistribuirse a través del resistor R.

El exceso de electrones libres y, o sus cargas de la fuente V_{CC}, se redistribuye en los electrones libres y, o la estructura (Ξ/e^*) del resistor R (o de la carga eléctrica que sea, en general).

La corriente eléctrica es la rapidez de las redistribuciones de cargas disponibles (q) de la fuente V_{CC} a través del resistor R.

Así como corriente eléctrica es la rapidez de redistribución de cargas eléctricas, la temperatura diferencial es la rapidez de redistribución de las cargas térmicas**, de la relación de** *circulación a rotación* *(Ξ/e^*)* que se evalúa en el subespectro infrarrojo**.**

Al aplicar el potencial V_{CC} al resistor R hay una redistribución de las cargas eléctricas y luego se establece una corriente continua.

La redistribución transitoria en el resistor R se debe a la redistribución de los electrones libres en la superficie y en el volumen del mismo.

La rapidez de redistribución de los electrones libres en la superficie del resistor tiene lugar a una velocidad muy alta, y a otra velocidad menor dentro del volumen del resistor; no obstante, la diferencia es despreciable.

Se supone que hay una distribución homogénea de la *relación de circulación a rotación* *(Ξ/e^*)*[Ref.(A).1] en el volumen del resistor, y por lo tanto, de sus electrones libres intersticiales, lo cual en rigor no es cierto.

Si curvamos el conductor, hay dos rapideces de redistri-

bución en la superficie del conductor: una del lado encerrado por la curva (es lo que determina la inductancia asociada al conductor) y otra del lado abierto de la curva (que determina la capacitancia asociada al conductor).

La diferencia de potencial V_{CC} es medida sobre cualquier punto de la hipersuperficie de convergencia energética de este sistema de circulación de redistribución de cargas.

La hipersuperfice de convergencia de cargas de este sistema es la superficie del conductor que entra al resistor R.

La corriente eléctrica es un flujo de cambio de cargas eléctricas de V_{CC}, de cambio de potencial diferencial a dos lados de un entorno dentro de V_{CC} separados por una superficie aislante y por la atmósfera fuera, entre los bornes (+) y (-) de la fuente V_{CC}.

La aislación interna de V_{CC} es análoga al vacío fuera de $Z_{LÍM}$ en la Unidad Existencial y los intersticios entre los elementos de sustancia primordial.

El resistor R modifica la constante de tiempo de evolución lenta de la fuente V_{CC} a través de la atmósfera (a circuito abierto).

Entre el borne (-) y el interior de la fuente V_{CC} hasta el aislante interno tenemos el entorno análogo a Zn de la Unidad Existencial; y entre el borne (+) y el otro componente activo de la fuente V_{CC} tenemos el entorno análogo a $Z_{LÍM}$.

La atmósfera entre los bornes (+) y (-) fuera de V_{CC} es el espacio universal entre $Z_{LÍM}$ y el entorno Zn.

El resistor R es un "punto" análogo a un entorno de $Z\Phi$ en la hebra energética entre $Z_{LÍM}$ y Zn.

Medimos siempre el potencial diferencial sobre la superficie del condutor de un lado de contacto con el resistor R con respecto al otro lado.

El efecto se transfiere a un detector, el voltímetro, por contacto directo.

Podemos medir la corriente circulante por un amperímetro; directamente, insertando un medidor con resistencia despreciable, o indirectamente, por el efecto transferido por inducción a un anillo cerrado sobre el conductor.

Lo que ocurre en la superficie del conductor es el valor medio de la redistribución que converge desde el interior del resistor, la de la fuente V_{CC}, y la del manto energético (atmósfera) en el que se halla inmerso todo el sistema eléctrico.

Figura A18.
Trenes de Ondas.

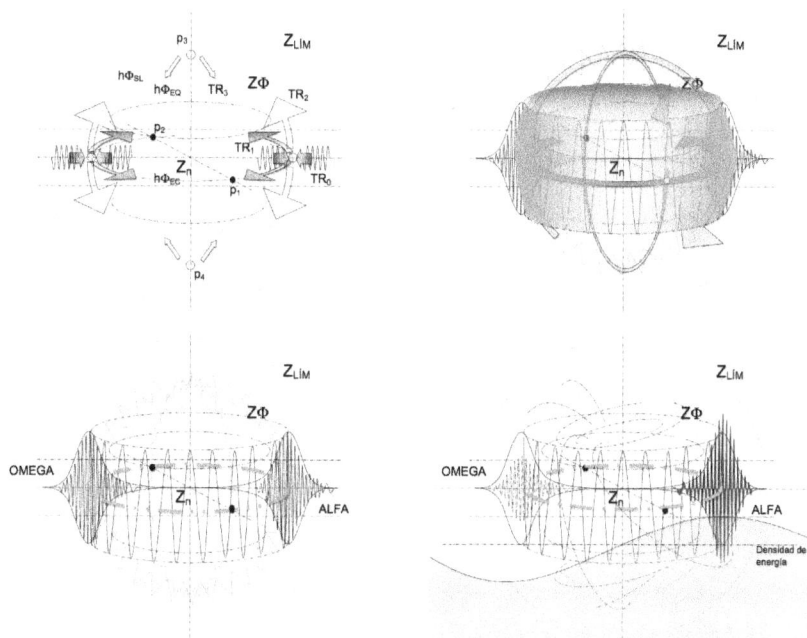

Interacción entre trenes de ondas.
Ondas estacionarias dentro de una esfera.

La generación de trenes de ondas se inicia en la disociación y re-asociación continua, incesante, que ocurre sobre la periferia de la Unidad Existencial. La formación de las ondas estacionarias es un fenómeno ampliamente confirmado en las aplicaciones de sistemas resonantes en el subespectro electromagnético (ELM).

Si una pulsación es aplicada uniformemente sobre la superficie periférica $Z_{LÍM}$ de una esfera de cargas binarias que tiene una diferencia de potencial con respecto al centro Zn, se genera una circulación preferencial (ecuatorial) continua con una componente oscilante dentro de ella.

Figura A19.

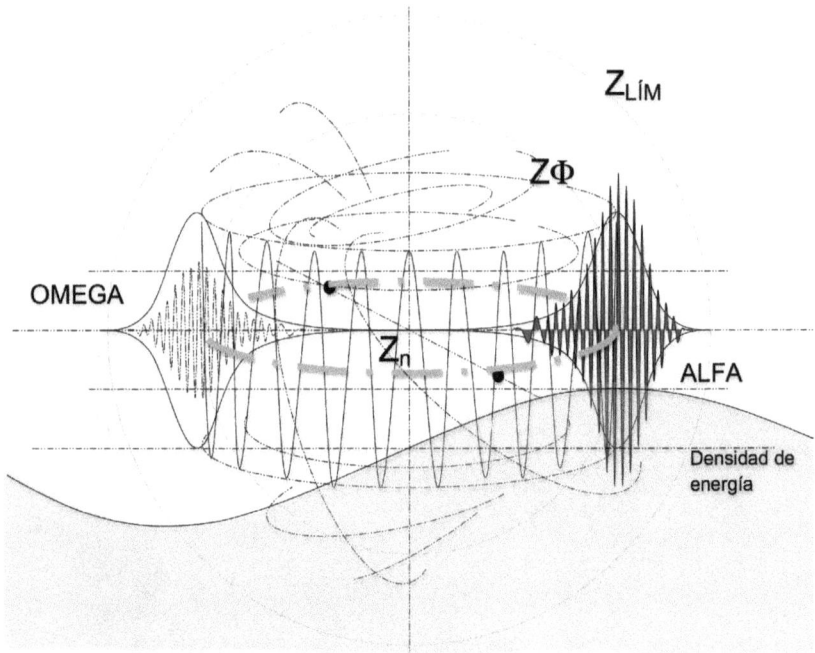

Siendo la Unidad Existencial un sistema armónico primordial, el arreglo de circulación sobre el hiperanillo ecuatorial hΦ de la hipersuperficie de convergencia energética ZΦ es una componente sinusoidal sobre la que se encuentran ambas hiper galaxias Alfa y Omega en partes opuestas de la sinusoide, como se indica por el sobreado.

Esta componente varía alrededor de un valor medio inmutable de *densidad energética* del manto de *fluído primordial*. Con relación a este valor medio tenemos una energía disponible de mayor densidad en nuestro dominio, y "energía oscura" en el universo Omega, cuya densidad es por debajo del valor medio (negativa); o podría ser al revés (la convención asumida no tiene importancia en este momento).

Figura A20.
Sistema Termodinámico Primordial.

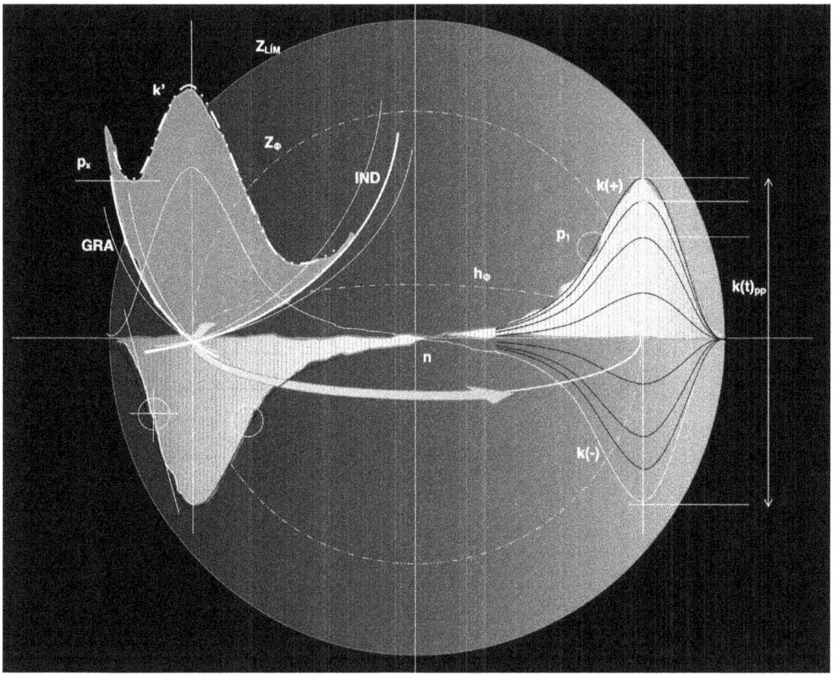

¿Por qué observamos una expansión aparentemente irreversible en nuestro universo?

Se expande un dominio, el nuestro, el material, el dominio del nivel de asociación de la sustancia de la que todo se genera que percibimos con nuestros sentidos limitados en un subespectro del espectro existencial, mientras se contrae el otro dominio, el dominio primordial cuyos subdominios de *gravitación* (D_2) e *inducción* (D_1) generan las dos fuerzas primordiales de asociación y disociación [*amor y temor* en la estructura de consciencia]. En el detalle superior izquierdo ilustramos esta interacción entre D_1 y D_2 para nuestro universo que se halla a la derecha [Alfa es k(+)]. Ambas hipergalaxias Alfa y Omega oscilan entre dos estados de asociación con respecto a un estado medio representado por el eje [x].

Esta interacción armónica entre expansión y contracción se alcanza por el proceso racional y se confirma en la fenomenología energética universal, en nuestro entorno del hiperespacio de existencia multi-dimensional de naturaleza binaria.

El dominio (o mejor dicho subdominio) material es resultado de la convergencia e interacción entre los dos subdominios primordiales D_1 y D_2; subdominio que se halla sobre la estructura de circulación del manto de *fluído primordial*.

El dominio material (continuamos con el uso de dominio) tiene una cantidad constante de materia, pero cambia su distribución.

Nuestro universo Alfa es el dominio material visible.

El universo Omega es el universo de materia "oscura".

"Materia oscura" es también la asociación material que no se ve pero que es parte del hiperanillo de circulación hΦ.

Nuestro universo se halla inmerso en el manto de *fluído primordial* cuya densidad de rotación, de carga primordial, está por encima del nivel promedio; es la energía que estimula el proceso tal como lo conocemos y experimentamos. El universo Omega se halla en el manto cuya <u>densidad por debajo del nivel promedio del manto primordial define la "energía oscura"</u>. Estas distribuciones de densidades se muestran por la curva senoidal que varía entre un estado y el otro en la Figura A19, y aquí en esta Figura A20 muestra, además, la variación de densidad en el tiempo con respecto al valor medio representado como cero por el eje [x].

Recordar que,

en $Z_{LÍM}$ $\rightarrow$ $[\Xi/e^*] = (\infty)$

en $Z\Phi$ $\rightarrow$ $[\Xi/e^*] = 1$

en Zn $\rightarrow$ $[\Xi/e^*] = (1/\infty)$

Figura A21.
Funciones Inversas.
Espiral Logarítmica y Potencial Universal.

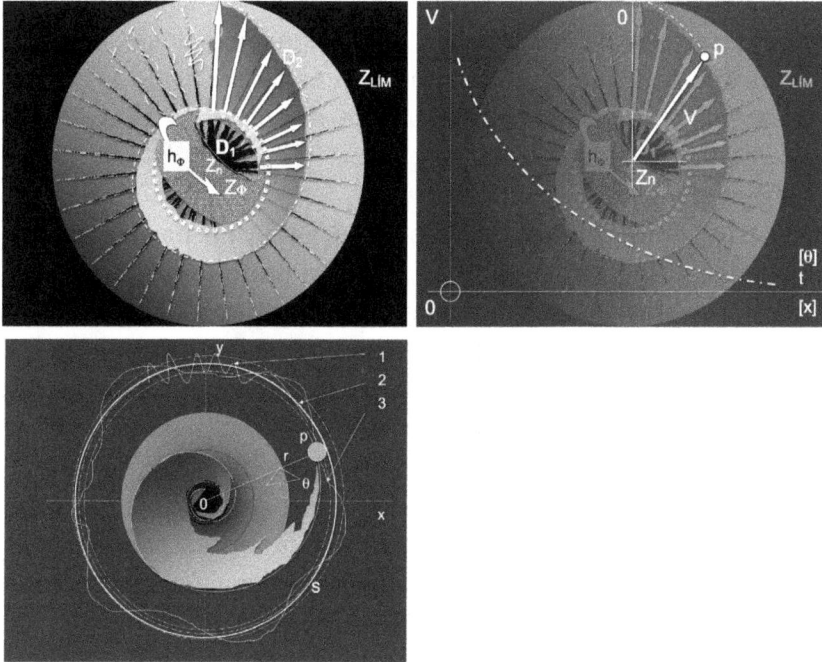

Hiper espiral o espiral espacial. Hiperrotación.

Primera aproximación al proceso de recarga de las partículas primordiales de naturaleza binaria.

Por simplicidad sólo dibujamos una espiral desde $Z_{LÍM}$ hacia Zn, que luego, al interactuar con la que se redistribuye desde Zn y formar el hiperanillo de convergencia $h\Phi$, se ve como una sola espiral cuando en realidad la porción desde Zn a $h\Phi$ es una modulación de la primordial de $Z_{LÍM}$ a Zn.

Para cada vector (blanco) radial dibujado le corresponde una espiral.

Si pudiéramos ver la estructura de distribución de las cargas binarias primordiales tendríamos un caracol sobre el plano ecuatorial. Pero, en realidad la espiral es espacial; es decir, la espiral se va desarrollando como se ilustra, y rotando continuamente sobre los tres ejes que se cortan en Zn. A esta rotación le llamamos *hiperrotación*, y a la espiral resultante *espiral espacial* a la que obviamente no podemos dibujar aquí.

Veamos ahora.

Versión muy resumida de la generación de partículas primordiales, o mejor dicho, de recarga de partículas eternas.

La hiperrotación es importante pues tiene frecuencia de rotación diferente para cada eje, lo que se transfiere a las partículas primordiales que se generan en Zn por la convergencia de las *hebras espirales* desde todas las direcciones radiales espaciales; esta convergencia tiene una distribución de densidad de hebras diferente en cada dirección espacial. Las partículas primordiales alcanzan la mayor densidad de asociación posible con la mayor frecuencia posible, y son expulsadas por "resbalamiento" porque la aceleración diferencial entre la convergencia de las hebras y el manto en el que todo se halla inmerso tiende a anularse y entonces la partícula expulsada es reemplazada por un nuevo entorno de manto sobre el que la convergencia lo "cargará" formando una nueva partícula primordial. Este proceso sigue hasta que la reasociación de partículas primordiales en el entorno de convergencia de hΦ vaya disminuyendo la densidad de la convergencia de hebras en Zn con respecto a la dirección preferencial inicial; luego, rota la espiral espacial, y así sucesivamente generando las infinitas componentes oscilatorias sobre hΦ mientras otras se van descargando sobre una dirección opuesta.

AT II

Exploración del Proceso Existencial

Energía, espacio y tiempo

Los seres humanos somos unidades de inteligencia de vida en desarrollo de sus consciencias de sí mismas; somos partes inseparables del proceso existencial, de la FUNCIÓN E-XISTENCIAL CONSCIENTE DE SÍ MISMA, del proceso racional de la estructura de Consciencia Universal.

El aspecto fundamental a mostrar es que la matemática que se emplea en el estudio científico del proceso UNIVERSO no es nada más que una descripción aproximada, en un espacio de referencia de nuestra creación o elección y siguiendo principios reconocidos primordialmente, de la fenomenología energética que tiene lugar alrededor nuestro y observada en el entorno del universo que alcanzamos desde la Tierra, y del establecimiento de las relaciones causa y efecto por un proceso racional que es una réplica de la componente consciente de sí misma del proceso existencial, de la mente universal de la que la mente humana es un subespectro.

Las constantes matemáticas que reconocemos o establecemos y usamos en la formulación de las relaciones causa y efecto de la fenomenología energética real tienen su naturaleza energética en el proceso existencial, es decir, son versiones de cantidades o relaciones reales que aparecen constantes debido a la dimensión de tiempo, de evolución lenta relativa de nuestro entorno en el proceso existencial.

Un ejemplo que tenemos a mano inmediatamente es la aceleración, que es un concepto que se origina en un gradiente energético real a nivel primordial; y otro ejemplo es la constante matemática $\underline{e}$, que es el valor límite de una serie energética, es decir, de una *hebra energética* cuyas partículas primordiales y sus asociaciones se representan por números, por unidades de nuestro espacio elemental de referencia.

Una vez más, no se pretende presentar nada extenso sino una introducción de los aspectos sobre los que se basa la Teoría Unificada para la ciencia y el Modelo Cosmológico Unificado Científico-Teológico para todos.

Resumen.

Desde una observación muy simple podemos comenzar a desarrollar nuestra propia exploración del proceso existencial para entenderlo, entender nuestra relación con él, nuestra función en él, y sobre todo, cómo disfrutar plenamente la existencia consciente de sí misma con poder de creación y consciencia de placer.

Vamos a presentar un resumen del inicio de una exploración partiendo de una inquietud cualquiera de quién desea entender el proceso existencial.

No hay ningún principio en particular mejor que otro.

La inquietud primordial acerca del proceso existencial va a tener respuesta a partir de cualquier inquietud íntima desde la que se desea entender, inquietud que es una estimulación primordial, si se sigue la orientación fundamental para llegar al proceso existencial: *eternidad*[Ref.(A).8].

No se puede llegar a la Verdad negando un atributo fundamental de ella.

No se puede entender un proceso eterno partiendo de una manifestación temporal sin tener en cuenta que ninguna ma-

nifestación temporal se origina por sí misma, ni termina sin dar lugar a otra que la reemplaza en otro dominio existencial o en otro subespectro fuera del alcance de nuestros sentidos pero siempre, siempre al alcance de la mente, si está lista.

Veamos esta aproximación en dos partes: Para Todos, y Para la Ciencia.

Tan pronto como termine el resumen para todos, sigue el breve resumen para la ciencia. Veremos que lo que se dice para todos es exactamente lo mismo que para la ciencia; sólo cambia el lenguaje científico, nada más.

Notemos cómo van surgiendo preguntas "colaterales" que nosotros mismos nos vamos formulando, a las que si no las acotamos, limitamos, nos hacen perder el rumbo de la exploración, de la revisión en la que nos embarcamos. Es lo que realmente ocurre al explorar un proceso con tantas variables relativas como el proceso UNIVERSO. **La interconectividad real entre las variables relativas se manifiesta a sí misma en el proceso racional por el que se las explora.**

Antes que nada necesitamos revisar la *variable a ponderar* y la *variable independiente* de cualquier y todo fenómeno que es parte del proceso existencial y de los intercambios energéticos que tienen lugar en él. No vamos a hacer tal revisión sino mencionar algunos comentarios pertinentes a la revisión[Ref.(A).1].

Para Todos.

Nuestros diccionarios definen ciencia como la actividad intelectual y práctica en referencia al estudio sistemático de la estructura y el funcionamiento del universo y el comportamiento de sus manifestaciones energéticas y de vida universal, mediante la observación y experimentación; *definición que ahora extendemos a la Unidad Existencial de la que el universo es parte, siendo nuestro universo el entorno de la Unidad Existencial que alcanzamos desde la Tie-*

rra.

Frente a esta área de interés humano, muchos creen que se requiere tener una capacidad racional distintiva, mayor que la media de la especie humana presente en la Tierra, para llevarla a cabo.

Pues, no es verdad.

Todos tenemos una misma capacidad racional con potencial ilimitado, pero con diferentes áreas de interés de aplicación de la capacidad racional inherente al ser humano, a la individualización del proceso SER HUMANO.

Obviamente, dependiendo del área de interés es que hacemos acopio de información en esa área a expensas de la atención de otras, pero eso no quiere decir que una sea más importante que otra ni que una capacidad racional es mayor que otra. Nadie puede definir por otro que es más importante para cada individualización del proceso SER HUMANO.

Ciencia sería mejor definida como *disciplina* de la estructura de identidad consciente de sí misma para observar y procesar información para entender un aspecto particular del proceso existencial y establecer relaciones causa y efecto.

Lo que hace diferente a un ser humano con respecto a la media de la especie, ya sea como científico o como intelectual en general, es su disciplina para el uso de su capacidad racional.

Un científico, conforme a nuestra actitud prevalente en relación al área de interés del proceso existencial, puede lucir muy torpe frente a un individuo desarrollado en la jungla aislado de nuestra civilización.

De manera que antes de descalificarnos a nosotros mismos para explorar el proceso existencial, el universo, o la estructura de la Consciencia Universal, Dios, comencemos a reconocer mejor nuestro atributo natural y su potencial ilimitado. Si tenemos interés en el proceso existencial del que somos partes inseparables, nada nos limita excepto nuestra actitud mental. Por ello debemos hacernos libres de los prejuicios y limitaciones que nos impiden alcanzar lo que está dispuesto a nuestro alcance, de todos. Sólo hay un misterio absoluto, incluso para Dios, del que hablaremos hacia el final.

Evaluación del proceso existencial.

Siempre, de entre varias soluciones posibles, la natural es la más simple. La simplicidad, que se expresa en la descripción racional, es la experiencia de la armonía entre esa descripción y el proceso real.

El *proceso existencial* es de naturaleza binaria, es decir, es un proceso de dos componentes inseparables que definen la *unidad de proceso*; esas dos componentes de la unidad binaria son las que nosotros hemos llamado *espacio y tiempo*.

Lo que se evalúa en el proceso existencial, en el proceso UNIVERSO si tomamos a éste como nuestra entidad de proceso, es la *energía*.

Energía es la variable fundamental a observar y cuantificar o ponderar, y manipular.

Todos estamos "familiarizados" con la energía, o eso es lo que creemos.

Observamos el movimiento de una bolilla que se desplaza en el suelo; el movimiento de una hoja en un árbol; el calor que desde una hornalla se transfiere al agua dentro del recipiente; el espacio recorrido por el automóvil que se desplaza por la calle; el paso de un asteroide; el movimiento planetario; el crecimiento de una solidificación...

Energía es una cantidad de movimiento que se transfiere en el proceso de interacciones, en una parte de él, en un intercambio entre determinadas entidades interactuantes, o para producir el cambio que es observado en un objeto.

Debe cumplirse siempre, absolutamente siempre, que, **el cambio de movimiento en el objeto observado es igual a la suma de los cambios en el resto del universo,** y de esta relación conceptual nunca podremos cuantificar nada con precisión absoluta sino obtener un resultado con una aproximación suficiente para nuestros propósitos. La imprecisión inherente a nuestras ponderaciones es referida, considerada en muchos casos como simples pérdidas de energía que deben sumarse (o restarse) del valor obtenido.

Sólo podemos evaluar con la "precisión" antedicha un subespectro del proceso real, el que alcanzamos con los sentidos y la instrumentación desarrollada.

Si tenemos una fuente que suministra una energía E, una cantidad de movimiento E para generar un cambio en el estado de asociación y movimiento de la estructura observada, entonces expresamos que,

Energía = Suma de los cambios de asociación en el objeto observado y de su movimiento (con respecto a una referencia espacial o a un estado previo).

Debemos notar que todo lo que observamos está sustentado, siempre, por un cambio en el manto energético que lo permite y en el que todo está inmerso y del que es parte inseparable, de manera que la fuente de energía no sólo debe suministrar la energía, las unidades de movimiento (ya definiremos energía un poco más adelante) para cambiar el estado de movimiento que observamos, el movimiento de la superficie que contiene al objeto observado, sino para cambiar su estado interno, lo que llamamos inercia (fricción interna), y el estado de movimiento de la atmósfera inmediata al objeto, entorno que llamamos *entorno de inserción* del objeto (responsable de la fricción externa).

Tenemos esta relación que en el subespectro electromagnético se describe por una ecuación diferencial de segundo orden[*]. No vamos a preocuparnos de esta expresión matemática.

Continuamos luego de la siguiente nota.

[*] NOTA.
(PARA LA CIENCIA).
Si a esta relación la describimos por una sola expresión para distribuciones con componentes energéticos RLC (resistor-inductor-capacitor) en las aplicaciones para el subespectro electromagnético, ¿por qué no lo hacemos también para las aplicaciones en el subespectro mecánico, visible?

Pues ahora podemos plantear para los sistemas mecánicos una expresión general análoga a la de intercambio energético en los sistemas RLC.

Enseguida veremos la expresión más simple que relaciona la energía suministrada a un objeto con el cambio que éste tiene con respecto a un estado de referencia. Pero la expresión que veremos es parte de una expresión general más completa que sin embargo no se ha desarrollado. Quizás la razón que no se ha desarrollado es que se considera constante a la masa de la materia.

Por otra parte, la expresión de Einstein,

$E = m.c^2$

no representa nada real en el proceso existencial a nivel de la Unidad Existencial, <u>excepto como idea del orden de magnitud esperable de la cantidad de energía</u>, de la cantidad de unidades de rotación contenida en una asociación cuya masa relativa en nuestro entorno energético es <u>m</u> (ver definición de energía más adelante).

Dicho sea de paso, y como estimulación,

¿Se puede enviar un planeta de un universo a otro a velocidad mayor que la luz?

Se puede, y tiene lugar, pero codificadamente en un subespectro del manto energético, no la estructura en sí pues hay entornos entre "capas de cebolla" del manto energético que no sustentan la materia, pero permiten que se transfiera la información. No obstante poder transferir rápidamente la información, la materialización, la "fisicalización" de la decodificación de la información en el

---

nuevo entorno, toma un gran tiempo, una gran cantidad de proceso sobre el nuevo entorno energético. Es lo que ocurre con el proceso SER HUMANO que se transfiere de un entorno remoto a otro en el universo.

Por otra parte, la velocidad de desplazamiento de un objeto en el espacio "vacío" es determinada por la densidad energética del "vacío", es decir, por la relación de *circulación a rotación (Ξ/e^*)* del manto energético por el que se desplaza el objeto, tal como el valor de esa relación en nuestro entorno determina la velocidad a la que se desplaza un cambio en el espectro visible.

Siempre evaluamos la cantidad de energía puesta en juego en el proceso sobre un entorno finito y por un período finito. Incluso cuando decimos que algo varía con una rapidez instantánea, esa rapidez es el límite de una variación sobre un período de tiempo que tiende a cero, sin ser cero jamás. Siempre tenemos que medir en el instante deseado sobre un período de tiempo finito, real, no importa que tan breve tenga que ser; o lo inferirmos a través de una función ya conocida en el tiempo sobre un período más largo alrededor del instante de interés.

Velocidad es una relación entre dos variables energéticas reales siempre finitas; ninguna de las dos variables que definen la rapidez puede ser cero o infinita.

Esta limitación de esta relación cuando se expresa matemáticamente, es, a su vez, expresión de la realidad energética que nos dice que el tiempo jamás puede ser nulo, es decir, el proceso existencial jamás se detiene, y ninguna variable energética puede dejar de tener límites mínimo y máximo.

Si conforme al *Principio de Conservación de la Energía* la *energía es eterna, no se crea ni se pierde, sólo se transforma*, entonces, la unidad de energía, que es binaria, no puede anularse ni ser infinitamente grande, sin límite; y tampoco pueden serlo sus dos componentes, *espacio y tiempo*, ni sus variables relativas como *masa*.

NOTA.
(PARA LA CIENCIA).
Naturaleza de la aceleración.
Las dos variables energéticas fundamentales son espacio (volumen) y frecuencia de la partícula primordial.
Aceleración a nivel absoluto es dado por el gradiente de frecuencia de rotación diferencial entre una partícula y la del manto en el que se halla inmersa la partícula.

En las dimensiones energéticas del manto que dependen de las asociaciones presentes en él, aceleración es una función del gradiente de la *relación de circulación a rotación ($\Xi/e*$)*[Ref.(A).1] de la partícula primordial con respecto a la del manto; y en el mismo manto energético, la aceleración de la evolución de un entorno es dada por su relación con respecto a UNO en el hiperanillo de convergencia $h\Phi$ de la hipersuperficie de convergencia $Z\Phi$ de la Unidad Existencial.

La velocidad es una versión de la relación primordial, *aceleración*.

Velocidad es la integral en el tiempo de la aceleración, de la diferencia en las relaciones ($\Xi/e*$).

No obstante, el tiempo absoluto, el "largo" de la secuencia existencial, es absolutamente abierto, inacabable; la eternidad es realidad absoluta.

La eternidad del proceso energético existencial se hace realidad a través de una secuencia interminable de períodos de procesos finitos, lo que, como ya vimos, ha sido descripto matemáticamente, y la validez de esta descripción es confirmada exhaustivamente en la fenomenología energética en nuestro entorno del universo que alcanzamos desde la Tierra.

Entonces,
la variable dependiente del proceso existencial es energía, entendiendo a energía como cantidad de movimiento intercambiado tal como definimos antes.

La energía puesta en juego en un proceso dado, o parte de él en un subproceso, se pondera siempre a través de una partícula

---

195

de prueba. Por ejemplo, cuando medimos una corriente eléctrica que pasa por un dispositivo dado, lo hacemos a través del efecto de la corriente sobre un detector, el amperímetro.

Lo que se pondera a través de la partícula de prueba puede ser:

I. **Independiente del tiempo,**
   el cambio de posición de un objeto, o el espacio recorrido por él, en un período genérico de tiempo UNO, en cuyo caso llamamos a esta energía *trabajo (T)* realizado por el objeto o la partícula de prueba.

   El trabajo es expresado matemáticamente por la expresión simple T=F.x.

   Esta expresión no depende del tiempo, es decir que no importa en que tanto tiempo, siempre finito y real, se lleva a cabo el cambio x en la partícula de prueba sobre la que se aplica la fuerza F. Además, en esta expresión la partícula de prueba tiene una masa genérica UNO;

II. **En función del tiempo,**
   1. el cambio de posición de un objeto, o el espacio recorrido por él;
   2. el cambio sobre el objeto o partícula de prueba;
   3. el cambio de posición del objeto y el cambio ocurrido sobre él;
   4. el cambio de posición del objeto, el cambio ocurrido en él, y el cambio del entorno alrededor del objeto mientras se desplaza y cambia él mismo.

¿Por qué señalar particularmente los aspectos de período genérico UNO y masa genérica UNO en el primer caso (I) independiente del tiempo?

Porque el caso (I) independiente del tiempo es el caso particular de una expresión general para el caso (II).4 que cubre todas las posibilidades, y sin embargo no se ha planteado y desarrollado (aunque sí se ha hecho para el subespectro electromagnético, como ya fue mencionado, por una ecuación diferencial de segundo orden).

Tiene gran importancia, una vez que sabemos que estamos en un proceso primordial cerrado cíclico que es descripto por una expresión primordial cuya versión tenemos en nuestro entorno, y no la hemos reconocido como tal. De esa expresión se derivan todas las leyes universales de nuestro universo y sus versiones que son válidas solamente en el entorno del proceso existencial que experimentamos en la Tierra. *Versiones* significan que las leyes tienen la misma forma general que la primordial pero diferentes coeficientes que son característicos de los entornos o subespectros explorados.

Ahora bien.

Una vez más lo decimos, ponderamos energía directa o indirectamente en todas nuestras actividades de vida, no sólo en la observación de la fenomenología universal; vendemos energía, compramos energía; observamos procesos energéticos...

Todos estamos "familiarizados" con energía, de una manera u otra; hasta en relación a nuestro cuerpo y sus funciones medidas en calorías.

Pero, **¿qué es realmente la energía?**

Por una parte, energía es la capacidad de las estructuras materiales de generar movimientos, y puesto que materia es la asociación de partículas primordiales, y éstas son asociaciones de sustancia primordial, de la "materia prima" absoluta, concluímos que la energía, la capacidad de adquirir y transferir movimiento es inherente a la sustancia primordial[Ref.(A).1]. Veremos algo luego.

Por otra parte, energía como *variable dependiente* es la cantidad de movimiento puesta en juego en un proceso de intercambio o asociada a un cambio observado.

Por lo tanto, para ponderar energía, cantidad de movimiento puesto en juego en un proceso de intercambio, necesitamos una *unidad de energía de referencia*.

La ***unidad de cuantificación de energía*** se ha definido como **cantidad de trabajo (T) que resulta de la aplicación de una** unidad de fuerza (F) operando a lo largo de una unidad de espacio (x).

Recordar lo que vimos de *trabajo*.

Pero hay una *unidad estructural de energía* natural que tiene la capacidad de intercambiar su energía en cantidades particularres específicas dependiendo de las condiciones bajo las que se lleve a cabo el proceso, condiciones que dependen, siempre, de la relación entre los componentes, y entre éstos y el manto energético que sustenta el proceso y en el que se hallan inmersos los componentes interactuantes.

La **unidad estructural de energía** es la partícula primordial, la *unidad de carga primordial* (de la que se deriva la *carga eléctrica*);

es la cantidad de rotación contenida por la partícula primordial o la unidad de asociación de sustancia primordial de la que todo se genera, que veremos luego.

La carga se pondera por la *calidad de asociación*, que determina la *masa* de la unidad de carga, y la *frecuencia* de rotación de la asociación.

La *unidad estructural de energía*, unidad de naturaleza binaria (pues la sustancia primordial es de naturaleza binaria[Ref.(A).1]), tiene sus componentes de *masa* y *frecuencia* de rotación. Sin embargo, debido a la despreciable masa relativa frente a nuestras partículas, se considera que las partículas primordiales no tienen masa, lo que no afecta las relaciones causa y efecto en un subespectro, pero sí afecta en otros subespectros, lo que no ha permitido hasta ahora la Teoría Unificada que busca la ciencia.

Finalmente, para introducir los elementos fundamentales en nuestra exploración del proceso existencial, tenemos la *variable independiente*, *tiempo*, la variable para ponderar todo proceso, o cualquier variación en un proceso dado, en relación a una cantidad de carga de referencia: la de la *unidad de tiempo* dada por una cierta cantidad de pulsaciones del átomo de cesio (Cs).

Aquí debemos llamar la atención sobre algo que se ha venido

pasando por alto.

La *variable independiente* de nuestra elección, el *tiempo*, es la variable para ponderar aspectos del proceso existencial a través de la energía que tiene dos *variables interdependientes* conforme a la naturaleza binaria del proceso existencial, a su vez dada por la naturaleza binaria de la sustancia primordial que se transfiere a las partículas primordiales, a sus asociaciones, a las unidades de cargas primordiales. Esas dos componentes son *masa y frecuencia de la unidad estructural de energía, la unidad de carga primordial,* que puede tomar valores dentro de *los espectros de masa y frecuencia.*

La masa de una partícula primordial puede ser considerada nula en ellas y constante en sus asociaciones, en la materia; sin embargo, no es nula en el primer caso, ni absolutamente constante en el segundo.

Pero lo más importante es que la *variable independiente,* que no debería depender de nada, no es tal. Nuestra referencia por la que definimos nuestra *unidad estructural de tiempo,* el átomo de cesio, tiene una cantidad de rotación inherente que evoluciona con el manto energético en el que se halla inmerso. No nos afecta en nuestras experiencias de vida temporal, pero sí afecta a las conclusiones basadas en las observaciones en tiempo no real del lejano universo.

Reiteramos que nuestra variable independiente para evaluar el proceso existencial a través de los cambios que observamos es el tiempo, t. Por ahora consideramos a nuestra unidad de tiempo constante a lo largo del proceso existencial.

La *unidad de referencia de tiempo primordial* tiene que ser una estructura de pulsación absolutamente constante pues es por la que se rige el proceso existencial a sí mismo.

El *tiempo de referencia primordial,* no el nuestro, es absolutamente constante. Ya veremos más adelante dónde encontramos

la *unidad de tiempo primordial*, aunque no podemos llegar físicamente a ella.

NOTA.
(PARA TODOS, AL ALCANCE DE TODOS).
A la Unidad Existencial, a la estructura energética que provee
la *unidad de cuantificación de tiempo primordial*, y al proceso que
se supervisa a sí mismo sobre la Unidad Existencial, ya hemos
llegado. O mejor dicho para la ciencia, ya lo ha descripto... sin haberlo reconocido.

Todo cambio energético se pondera por la *cantidad de cambio*
y la *rapidez a la que se produce ese cambio*; se pondera por la
cantidad de cambio de espacio ocupado por la partícula de prueba (o sus características), y por la rapidez a la que tiene lugar ese
cambio durante todo el proceso de cambio o durante el período
de evaluación.

Por ejemplo, al ponderar la energía para mover un vehículo de
una cierta masa, ponderamos el cambio de posición del vehículo
(que es un cambio de masa entre dos puntos, un cambio de espacio ocupado) que tiene lugar a una cierta rapidez, o velocidad, por
un cierto tiempo.

**Iniciando una exploración racional del proceso existencial
sobre una manifestación cualquiera en el cielo, en el espacio.**

Puesto que deseamos entender el proceso existencial y nos embarcamos en su exploración racional, vamos a comenzar observando algo muy simple en el cielo, un punto p(m) luminoso, des-
tellante, lejano, aparentemente aislado. Veamos la Figura (i). La
notación p(m) en el texto indica el punto p cuya masa es m que a-
parece como estrella en la Figura (i). Visitar también la Figura (iii).

Es sumamente importante la conclusión a la que vamos a llegar en esta descripción resumida.

El cambio de espacio elemental es lineal.

El cambio de espacio es también un cambio de densidad en la superficie de p(m) por el que se genera el pulso de luz que vemos; es decir, la luz de p(m) centellea a una cierta frecuencia sobre la superficie porque a ella converge un cambio de densidad, desde dentro, desde fuera, o desde ambos lados.

Por ejemplo, al iluminar de noche un cartel con una linterna, prendiendo y apagando la linterna vemos "centellear" al cartel a la frecuencia de prendido y apagado de la linterna. La superficie del cartel cambia con la convergencia de luz de la linterna.

Si lo que observamos es la linterna, entonces el cambio de la superficie emisora del bulbo de la linterna se debe a una convergencia desde adentro del bulbo, lo que cambia su estado de movimiento hacia un subespectro visible, la luz, y ese cambio se transfiere al manto energético como una hebra que llega a nuestros ojos. La linterna es ahora nuestra estrella en el cielo, en la analogía a continuación.

Figura (i).

El cambio elemental de volumen energético en p(m) se observa por el desplazamiento o el cambio en un punto de la superficie que encierra al volumen; cambio que se transfiere sobre el manto energético a lo largo de la línea de observación.

Ese desplazamiento que tiene lugar rítmicamente en la superficie de p(m) es el origen de la pulsación que observamos, que llega a nuestros ojos.

Notemos que recibimos la luz, y una pulsación de ella.

La luz es la emisión de toda la superficie de p(m), pero la pulsación es una variación en la densidad energética de ella, de la superficie, que tiene lugar a la frecuencia que observamos.

Todo cambio que observamos y ponderamos es parte de algo que lo precede, y que ha precedido a la elección de nuestras referencias para ponderar.

La variable natural del punto p(m) observado es energía, la cantidad de movimiento dada por su circulación y rotación interna.

Destacamos lo siguiente.

- **Para que haya ese punto p(m) en el cielo algo tiene que haber convergido en el entorno ahora ocupado por la partícula p(m);**
- Para que haya un cambio en la superficie del punto o partícula p(m) observada, algo tiene que converger y generar una redistribución con una componente neta de desplazamiento en la dirección de observación.

Indicamos la convergencia total desde todo el universo hacia p(m) en la Figura (ii), página siguiente.

Esa convergencia se modula en todas las direcciones espaciales pero ahora sólo indicamos la que nosotros vemos desde nuestra posición OBSERV.

La partícula p(m) se mantiene cerrada, ya sea porque hay una asociación cerrada (circulación) de las pulsaciones de sus partículas internas, o porque hay un gradiente del manto energético hacia ella que la mantiene cerrada. Por ahora no importa, pero hay una convergencia hacia la superficie que mantiene cerrada la asociación que define a p(m). Si hay un pulso en la dirección que observamos es porque algo en esa convergencia cambia con una componente neta en esa dirección. Cualquiera sea esa convergencia, desde el interior hacia la superficie que encierra a p(m), y desde el exterior hacia ella, sabemos que al menos hay algo que converge desde afuera, pues hay un campo gravitacional hacia p(m) y eso que converge se modula, a su vez, por otro cambio real que converge sobre la superficie, dando lugar a la pulsación que observamos de la luz emitida por el punto p(m). Nosotros no vemos los cambios que convergen a toda la superficie, pero vemos la componente neta en el pulso en la línea de observación. Es decir, de un subespectro de convergencia sobre toda la superficie sólo vemos un pequeño sub-subespectro en el pulso. En otras palabras: para que podamos ponderar un cambio lineal, en la dirección observada, un cambio o una redistribución en la convergencia sobre toda la superficie ha tenido que ocurrir para dar lugar a ese pulso lineal (como lineal nos referimos a unidimensional) en la dirección observada, que tiene una magnitud que determina la intensidad de la pulsación, y a una frecuencia determinada.

Figura (ii).

Expresemos lo antes dicho de otra manera.

Mientras algo converge al entorno p(m) que rota para cambiar su distribución con una componente neta en la dirección de desplazamiento observado (el pulso que nos llega), otra cosa cambia a lo largo de la línea de observación entre el punto observado y el observador para que este último reciba el cambio, el pulso.

Es decir,

lo que observamos es parte de la modulación que tiene lugar sobre la convergencia en p(m); y de esa compleja modulación que genera la pulsación de p(m), vemos el subespectro visible y su modulación en el pulso del espectro visible.

La pulsación que recibimos es una onda senoidal.

Quiere decir que el entorno que da lugar al pulso de centelleo, no importa qué forma espacial tenga el entorno que varía, su variación en el tiempo es senoidal o un subespectro de ondas senoidales. No cabe duda pues es lo que nosotros realmente recibimos.

Veamos ahora la siguiente Figura (iii).

Figura (iii).

En la parte derecha de la Figura (iii) tenemos el interior (b) de la partícula p(m); (a) y (c) son dos anillos de la onda esférica que se expande desde p(m), anillos que representan densidades de modulación del manto energético. (f) es la recta de observación, que no necesariamente es una recta real en el espacio energético; (d) es la señal u onda senoidal que se transfiere del pulso, además del subespectro visible, y (e) muestra una cresta de la ondulación (o ripple) del manto que corresponde al paso de la modulación del pulso por ese punto del manto. De todo esto que ocurre en el manto energético nosotros sólo vemos la luz de p(m) y el centelleo, su pulsación.

En la Figura (iv) vemos que si usamos instrumentos, el espacio alrededor del punto p(m) tiene otras entidades que antes no veíamos y que también afectan lo que recibimos desde p(m).

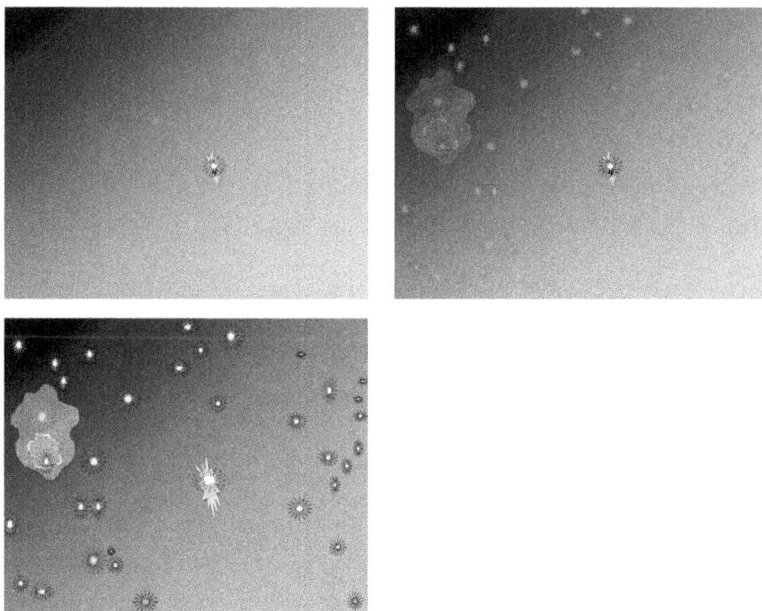

Figura (iv).

Nuestras matemáticas describen el cambio del proceso temporal en la dirección de observación con acceso limitado al espectro que converge al "punto, a la partícula en observación.

Ahora bien.

Supongamos que el punto p(m) en la parte superior izquierda de la Figura (iv) sea la Unidad Existencial, el Universo Absoluto de la que nuestro universo es un entorno temporal[Ref.(A).1].

¿Cómo describimos matemáticamente a ese "punto" p(m) tan complejo?

Para todos quienes se inician en la exploración formal, científica, del proceso existencial o el proceso UNIVERSO, ya tuvimos la introducción en la sección V, Unidad Existencial, Descripción de la Unidad Eterna por *Serie de Fourier*, luego de haber revisado las bases del Modelo Cosmológico Unificado Científico-Teológico.

Para la ciencia tenemos algo más un poco más adelante, luego del siguiente apartado.

Para quienes tienen bases en ciencias, particularmente en las matemáticas y física a nivel de ingeniería.

Hebras energéticas y series matemáticas.

Secuencia de proceso.
Funciones espaciales y temporales.

Tiempo primordial.

La inteligencia de vida es inherente a la configuración espacio-tiempo de la Unidad Existencial sobre la que tiene lugar el proceso existencial y su componente consciente de sí misma, la FUNCIÓN EXISTENCIAL CONSCIENTE DE SÍ MISMA, Consciencia Universal, Dios.

El proceso existencial tiene permanentemente toda la información de vida inherente a su configuración, en su intermodulación para la que sólo existe un instrumento que la

---

procesa, decodifica y eventualmente la entiende por interacción con ella: el ser humano.

La configuración de proceso que sustenta la trinidad humana *alma-mente-cuerpo* es análoga a la configuración que sustenta la FUNCIÓN EXISTENCIAL CONSCIENTE DE SÍ MISMA.

Nuestra matemática se desarrolla sobre un espacio de referencia que es una versión elemental del hiperespacio de existencia multidimensional de naturaleza binaria.

Nuestras relaciones causa y efecto son versiones análogas de las relaciones a nivel primordial.

La expresión que describe la Unidad Existencial tiene su versión en nuestro universo, en el subespectro energético sobre el que se define nuestro universo por el período de proceso, por el tiempo en el que se define.

Ya tenemos una herramienta para describir una unidad existencial general, una estructura material, cualquiera sea su forma, como un pulso energético, como un pulso con una cantidad de energía constante por un período de tiempo.

Esta herramienta no es sólo válida en el espacio matemático sino que se viene confirmando exhaustivamente en el proceso energético real en nuestro entorno del universo, en nuestras aplicaciones en el subespectro electromagnético (ELM).

Esta herramienta es la *Serie de Fourier*.

Las series son funciones o secuencias formadas por la suma de infinitos términos de operaciones, de interacciones e intercambios.

Ver Figura (v).

Por una parte,

las series matemáticas representan en el espacio de referencia a las secuencias espaciales, a las hebras de unidades de circulación y sus asociaciones, a las partículas primordiales de naturaleza binaria y sus asociaciones; <u>sobre estas se-</u>

ries o hebras ocurren cambios o transferencias en el tiempo que pueden explicitarse como funciones del tiempo, o para un período genérico T=1 en el que la descripción es una secuencia de posiciones espaciales que puede tomar la partícula de prueba o la variable de evaluación, o es su estado final para el período genérico T=1;

Por otra parte,

o dicho de otra manera, las series matemáticas representan convergencias sobre un entorno finito de redistribuciones en el tiempo, o la redistribución en el tiempo del entorno por la convergencia de infinitas componentes; es decir, una convergencia espacial sobre un entorno puede variar, y esa variación se describe en el entorno por las componentes en el tiempo que se observan sobre ese entorno.

En el primer caso tenemos una convergencia de una serie de infinitas componentes, una en cada dirección radial hacia el "punto" o entorno de convergencia (los componentes en las direcciones radiales, o en cada hebra radial, no necesariamente tienen que coincidir con el radio en nuestro espacio geométrico de referencia).

La convergencia de unidades de rotación define un entorno de circulación.

Esta consecuencia de una convergencia de unidades de cargas está demostrada. La *Ley de Ampere* es una versión simple en el subespectro electromagnético.

La circulación es una unidad energética que varía en el tiempo si varían en el tiempo las series que convergen y definen la estructura de convergencia.

Si todas las series convergentes son exponenciales o diferentes versiones de una exponencial natural, la convergencia es una circulación con una componente constante resultado de la suma de todas las componentes temporales, y componentes temporales que observadas por una partícula de prueba verá su densidad de carga, su densidad de rotación propia inherente, variando senoidalmente, y esa variación se modula en el manto de convergencia como una onda senoidal en el tiempo.

Notemos que hay implícita una dimensión de infinidad diferente desde cada hebra radial convergente y las series que conforman cada término de la hebra.

¡ATENCIÓN!

Las dimensiones de infinidad se visualizan en la serie matemática que representa a la hebra primordial que define a la constante matemática e, a la que vimos en la sección dedicada a ella.

Las series matemáticas son descripciones, en el espacio de referencia, de hebras energéticas constituídas por estructuras de circulación inmersas en un manto de *unidades de circulación y rotación [recordar la relación (Ξ/e*)* [Ref.(A).1]*].

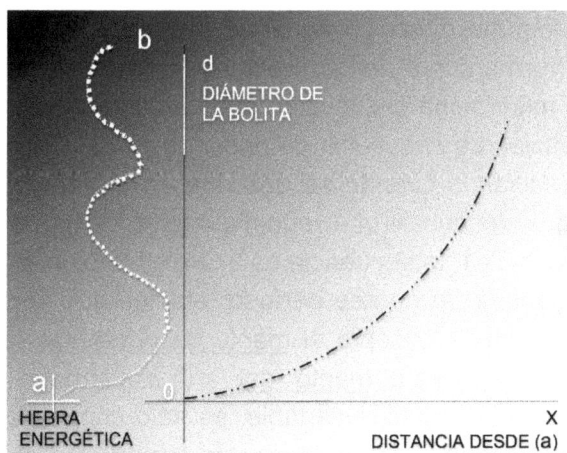

Figura (v).

Si tenemos una hebra lineal, una secuencia de bolitas de distinto diámetro y las graficamos en un sistema cartesiano con el diámetro en función de sus distancias a un punto de referencia, el gráfico puede ser una función exponencial si cada bolita en la hebra cambia de diámetro exponencialmente. **La función de distribución de bolitas a lo largo de la hebra es exponencial, pero la hebra puede tener cualquier forma espacial.**

Lo anterior nos hace reflexionar que la distribución espacial de la derecha de la Figura (v) se debe a la distribución del "manto" de referencia dado por el sistema de coordenadas cartesianas, y en cambio, la distribución espacial de la hebra a la izquierda es la que le permite tomar el manto energético real. La función exponencial a la derecha de la Figura (v) debe considerarse como la relación entre los elementos de una *secuencia de encadenamiento* de esos elementos. Si la hebra puede tomar la forma espacial de la izquierda, o cualquier forma, es porque en el manto no hay fuerzas netas en ninguna dirección espacial alrededor de la hebra; y si tomara la forma curva de la derecha es porque el manto energético tiene él mismo una distribución que la obliga a tener esa distribución espacial. La *secuencia de encadenamiento* es una *secuencia de interacciones* cuando se describe en el tiempo. Si las interacciones que describen una reconfiguración tienen lugar en un tiempo genérico T=1, la secuencia es una distribución espacial de los efectos a lo largo de ese período, efectos que vemos como una "foto" del resultado sobre el manto de referencia [a la derecha de la Figura (v)] o en el manto real (a la izquierda). Que algo se perciba como constante, invariable, es sólo como efecto de una convergencia de infinitos componentes temporales sobre el entorno de convergencia que en este caso es la hebra energética. No tenemos nunca, jamás, nada absolutamente independiente del *tiempo primordial*, aunque en nuestra dimensión del tiempo se vea o perciba constante.

Luego,

si tenemos un sistema orbital en el espacio, una galaxia, es porque los componentes del manto energético, sus dominios energéticos, interactúan para inducir esa configuración de las estructuras inmersas en él.

Las *relaciones causa y efecto* son descripciones de las redistribuciones de asociaciones de sustancia primordial (ya sean a nivel de partículas primordiales, átomos, moléculas, células o estructuras materiales masivas) que tienen lugar a un lado y otro de un entorno de referencia por el que se rige la redistribución. En el caso de objetos materiales ese entorno de referencia es la superficie que encierra el volumen de asociaciones que definen al objeto; es su superficie de convergencia, sobre la que convergen la *inercia* (el efecto de la redistribución interna), la *fricción* (el efecto de la redistribución del *entorno de inserción*), *y todas las fuerzas presentes naturales y las aplicadas con un propósito particular.*

Se dice que la convergencia de fuerzas primordiales genera materia.

En realidad es una convergencia de redistribuciones de cargas primordiales en un entorno, que induce, fuerza la asociación de las partículas primordiales presentes en el entorno de convergencia por la redistribución de sus ejes de rotaciones y la puesta en fase de sus pulsaciones.

¡ATENCIÓN!
Hiperanillo de convergencia.

Las series exponenciales que desde el exterior y el interior del hiperanillo de un hiperespacio energético multidimensional de naturaleza binaria convergen hacia él definen la circulación de las cargas sobre él.

Ese hiperanillo se cierra cuando se alcanzan las condiciones límites indicadas por la serie elemental que conduce al valor límite de la constante matemática e.

Dos hebras de <u>unidades de rotación</u>, una externa y otra interna al hiperanillo de su convergencia, generan un hiperanillo de circulación constante de valor UNO. El cambio en la dimensión de infinidad (dado por el cambio de n períodos del período original T, cuando n→∞) hace cambiar el valor de la circulación de UNO a e. Ver sección *Naturaleza Energética de la Constante Matemática e*.

El hiperanillo en el espacio de referencia es una circunsferencia.

La circunsferencia es uno de los límites naturales de la distribución exponencial cuando es representada en el espacio de referencia. El otro límite natural es representado por la línea recta.

¡ATENCIÓN!
Una vez más.
Matemáticas no crea lo que ocurre sino que describe lo que ocurre naturalmente.
Parecería innecesaria esta insistencia, pero no lo es cuando algunos observadores y exploradores del proceso existencial pretenden llegar al Origen Absoluto del proceso UNIVERSO a través de planteamientos matemáticos o condicionamientos expresados matemáticamente que sólo son válidos en nuestro entorno energético.
Recordemos que la rigurosidad matemática tiene lugar sobre un espacio de referencia que es la versión elemental del espacio energético real, del hiperespacio multidimensional de naturaleza binaria cuya distribución es luego modulada por infinitas versiones.
Continuamos.

La convergencia sobre el hiperanillo hΦ es una constante; la constante es la suma de todas las componentes temporales en todo instante; sin embargo, aunque decimos que la convergencia "da" lugar, naturalmente, a una función de circulación espacial senoidal o una colección de senoides "montadas" sobre la componente continua, constante, la realidad es que las componentes senoidales, la fundamental y todas las que detectemos, son parte de las componentes temporales cuya suma es la componente continua.

Sabemos que hay series matemáticas cuya convergencia genera un entorno temporal senoidal.

Una serie de Taylor genera una distribución espacial senoidal en un entorno de convergencia. Luego, ese comportamiento senoidal que vemos en un entorno de convergencia es una versión en nuestro dominio energético de otra convergencia primordial. Nada puede generarse en el espacio de referencia que no lo permita la configuración primordial de la que ese espacio de referencia es su versión elemental.

La función senoidal es la consecuencia natural de la convergencia de una serie infinita de series exponenciales (de las hebras espirales exponenciales).

La confirmación racional es la Identidad de Euler.

La confirmación energética viene teniendo lugar en el subespectro electromagnético y en las estructuras galácticas.

Una partícula de prueba que se deje llevar por la circulación va a variar su densidad de carga a lo largo de la circulación en forma senoidal, con un efecto neto no nulo sobre todo el período cuya frecuencia depende de la relación entre el espectro de convergencia en el hiperanillo y el de la partícula. La partícula irá cambiando su carga interna exponencialmente, pero desde nuestro entorno espacial y dimensión de tiempo no veremos ninguna variación de la densidad de carga de esa partícula de prueba, excepto la senoidal cíclica en el subespectro que sea visible o detectable por la instrumentación.

El *Sistema Termodinámico Primordial* se establece sobre el hiperanillo de convergencia de la Unidad Existencial.

Para la Ciencia.

Revisitación de Hebras Energéticas.

Dado que nuestras matemáticas constituyen una herramienta racional para describir las manifestaciones del proceso existencial, también mencionamos a menudo que todo proceso racional de establecimiento de la relación causa y efecto de una manifestación del proceso existencial, o del proceso UNIVERSO, es posterior al reconocimiento de la manifestación.

Luego, es a través de los reconocimientos primordiales que vamos a resolver, es decir, reconocer y entender la configuración energética de la Unidad Existencial que sustenta el proceso existencial consciente de sí mismo.

Una de las cosas que no hemos hecho, sino hasta ahora, es reconocer la sustancia primordial, su naturaleza binaria, y su comportamiento frente a la nada fuera de ella, fuera del colosal volumen de su presencia.

Una vez que reconocemos la sustancia primordial, tenemos el camino abierto para llegar mentalmente a la Unidad Existencial y al proceso que tiene lugar dentro de ella y que se sustenta, precisamente gracias a la nada fuera de ella.

Tenemos dos aproximaciones para presentar la Unidad Existencial y el proceso ORIGEN de TODO LO QUE ES, TODO LO QUE EXISTE, de TODO LO QUE EXPERIMENTAMOS, el proceso existencial consciente de sí mismo,

- Presentar la configuración de una vez, y a partir de ella y de sus elementos mostrar cómo se originan y sustentan las redistribuciones energéticas, todas, y las leyes locales en el

214

universo, en el entorno del proceso UNIVERSO que alcanzamos desde la Tierra;

- Revisar el proceso racional inverso, retroactivo, que nos conduce a la Unidad Existencial a través de sus manifestaciones locales, el *Principio Existencial Absoluto* ya reconocido parcialmente como *Principio de Conservación de Energía,* y el *Principio Primordial de Armonía* del que ya tenemos, y usamos extensamente, una versión local que describe la composición y distribución de todos los componentes de la Unidad Existencial, y supervisa las interacciones por las que se sustenta la Consciencia Universal, la componente consciente de sí misma del proceso existencial a la que también nos referimos como FUNCIÓN EXISTENCIAL CONSCIENTE DE SÍ MISMA, DIOS, de la que el proceso SER HUMANO es el otro componente de la Unidad Binaria de Interacciones de la TRINIDAD PRIMORDIAL sobre la que se sustenta el *Sistema Termodinámico Primordial;* éste último es el que energiza las estructuras interactuantes de la Consciencia Universal y suministra el flujo de información continuo que se requiere para mantener la FUNCIÓN EXISTENCIAL.

Vamos a introducir un proceso mixto, un proceso racional en el que en un paso de él introducimos la primera generación de la asociación de la sustancia primordial, las *partículas primordiales binarias,* y luego su comportamiento que se confirma en nuestro entorno energético, particularmente en las cargas eléctricas y sus distribuciones y funciones a las que ya sabemos explorar y manipular en gran medida y por las que generamos nuestras aplicaciones para la adquisición, procesamiento y transferencia de datos, y de control.

Para esta aproximación contamos con la evidencia racional y la confirmación energética de la naturaleza energética de la constante matemática e̲, de la serie matemática que en

el espacio de referencia representa al hiperanillo, a la hebra energética absoluta, primordial, cerrada eternamente sobre la que se sustenta el *Sistema Termodinámico Primordial*.

Isomorfismo de las funciones en el proceso existencial.

Regresamos a la Figura (v).

NOTA.
DESEAMOS EXPLORAR NO SÓLO EL PROCESO EXISTEN-
CIAL SINO TAMBIÉN LA EXTENSIÓN DE LA VALIDEZ DE LAS
REPRESENTACIONES Y, O INTERPRETACIONES DE SUS MA-
NIFESTACIONES TEMPORALES.

En la hebra de la izquierda de la Figura (v) tenemos la hebra e-nergética real; digamos que es una hebra de unidades de circula-ción o células energéticas, de moléculas que son, a su vez, aso-ciaciones de átomos (células energéticas en otra dimensión de a-sociación).

Supongamos por simplicidad que la hebra tiene 100 elemen-tos tales como cien bolitas cuyos diámetros tienen valores que si-guen una ley exponencial.

Si esa hebra se halla en esa posición física real, con esa distri-bución espacial mostrada, es porque algo lo permite. Ese algo es la atmósfera, es el manto energético en el que nos encontramos inmersos, en el que hay una distribución de sus componentes, moléculas, átomos y partículas primordiales, que lo permite. Si la distribución en el manto cambiara, si en él aparecieran fuerzas, la hebra energética cambiaría de forma; por ejemplo, si soplara bri-sa la hebra se reposicionaría.

Hay una función de distribución de diámetros entre las bolitas de la hebra; o entre los círculos, si estamos en el plano, en un es-pacio de dos dimensiones. Esa distribución lineal a lo largo de la hebra se expresa por una operación matemática dentro de un jue-

go de números, de unidades de un espacio de referencia que o-
cupa un espacio de cualquier dimensión espacial y forma física,
es decir, si tenemos un contenedor con infinitos símbolos, los números, que representan a las bolitas, cualquier conjunto de cien
bolitas cuyos diámetros sean iguales a los de la hebra y que sean
puestos en la secuencia real de la hebra va a representar a las
unidades de la hebra en ese espacio de símbolos, de números,

$$100 = b_1 + b_2 + b_3 + b_4 \cdots + b_{100} \qquad [1]$$

El punto esencial en este instante es que matemáticas es una
consecuencia de la necesidad de representar la hebra real y sus
componentes para describirla de manera que podamos seguir ex-
plorándola luego de que haya cambiado de forma.

Luego necesitamos representar la secuencia real de esas bolitas de diámetro creciente exponencialmente.

Para ello desarrollamos una expresión, una función, en la que
un elemento que sigue a otro en la realidad es descripto por esa
función sin necesidad de tener la hebra real enfrente nuestro; desarrollamos una expresión que describa a una distribución que re-
presente en un espacio de referencia a la manifestación real que
observamos. Notemos las versiones que se van desarrollando.

En este caso cada bolita puede ser considerada por su diámetro d, por lo que la hebra puede representarse en un espacio de
referencia por el largo que ocupa la línea imaginaria que une los
centros de las bolitas, por la siguiente expresión inicial,

$$h = d_1 + d_2 + d_3 + d_4 \cdots + d_{100} \qquad [2]$$

A lo largo del espacio unidimensional de una línea imaginaria
que une los centros de las bolitas, la hebra es una sucesión de
segmentos que representan los diámetros de las bolitas. Matemáticamente, en la versión elemental, la hebra energética h se representa por una serie, una secuencia de números y operaciones entre ellos, [2].

En el proceso de conscientización, matemáticas es una herramienta del proceso racional que se desarrolla para representar los

elementos existenciales y sus interacciones; es una herramienta para "reconstruir" el proceso existencial sobre un espacio de referencia. El reconocimiento precede a la descripción.

Hasta ahora todo ocurre en un espacio unario, es decir, cada elemento primordial de la estructura real y del espacio de referencia tiene el mismo único valor. Cada elemento, cada "punto" del conjunto cuya distribución forma los cien círculos de la hebra, y cada punto del espacio de referencia, tienen el mismo y único valor UNO (1). El círculo UNO que representa a la bolita UNO real tiene una partícula; el círculo DOS que representa a la bolita DOS real tiene tantas partículas (iguales a las de UNO) como indique la relación exponencial bajo la que se relacionan las partículas de la hebra a representar.

La hebra puede ser representada por una sucesión de puntos en el que cada punto tiene un "peso" dado por el diámetro real de cada bolita en la hebra.

Ahora la hebra es una sucesión de *puntos binarios*, de puntos que tienen un volumen infinitesimal y un peso asociado a él.

La hebra es ahora una sucesión de elementos, de puntos de naturaleza binaria cuyo peso se distribuye exponencialmente a lo largo de ella.

Una hebra energética de naturaleza binaria no se puede representar en un espacio unidimensional de referencia de elementos unarios; se necesita un espacio de referencia de al menos dos dimensiones espaciales, de unidades unarias, para representar la hebra de unidades binarias en él.

En el gráfico cartesiano, el eje [x] es el espacio unario que representa a las unidades, las bolitas, mientras que el eje [y] que representa al diámetro de las bolitas lo que está mostrando es la relación entre los elementos, las bolitas, de cada espacio, pero, **también nos muestra una evolución en el *tiempo primordial* {representado también por el eje [x]} <u>sobre una bolita</u> inicial; es decir, tenemos la función que describe los valores relati-**

vos de cada bolita con respecto a la inicial; o que describe el "peso", el valor de cada bolita en la secuencia con respecto a una secuencia en el espacio unario unidimensional; o la evolución de una bolita en el *tiempo primordial*.

No vamos a continuar con esta especulación que cada uno debe continuar por sí mismo.

Una cosa es la función matemática descripta como una secuencia de operaciones, y otra cosa es la representación gráfica de la función que depende del sistema de referencia. Es algo que ya sabemos, pero que puede perderse de vista en la exploración de efectos desde distribuciones en dominios que no son visibles sino por sus efectos en nuestro dominio en el que cambian las configuraciones y distribuciones relativas.

Regresamos a nuestra exploración convencional.

Una vez seleccionada la variable, diámetro de la bolita, o el peso de la bolita, la expresión racional que describe la hebra por la relación entre las bolitas en la secuencia a lo largo de la línea que une sus centros sigue siendo la misma. <u>La secuencia de "creación" de la bolita no depende del sistema de referencia en el que la vamos a representar</u>. La "creación" precede a la descripción y a la representación en nuestro espacio de referencia. "Creación" como presencia de lo que se observa o experimenta precede al proceso racional para su descripción y la representación en el espacio de referencia; precede a las matemáticas.

En el espacio unario de dos dimensiones, en el sistema cartesiano, la hebra como relación entre sus puntos de naturaleza binaria, de puntos con "peso", se representa por la curva exponencial en el espacio de referencia de puntos unarios.

La curva exponencial que representa a la hebra energética tiene una pendiente diferente dependiendo de la escala que empleemos en el gráfico; es decir, para cada dimensión espacial de los puntos del gráfico tenemos una versión de la curva exponencial, o una versión de la hebra real u original en el espacio real. En otras palabras, podemos considerar al espacio de referencia como versión elemental del hiperespacio, del espacio real multidimensional de naturaleza binaria, sobre el que se modulan las versiones que se desarrollan por interacciones entre sus entornos o dominios.

La función, la relación entre las bolitas, se describe a lo largo de la línea que las une, a lo largo de la secuencia real que tuvo lugar para asociarse, encadenarse sus elementos, y, como ya dijimos, no depende del sistema de referencia para representarla, por lo que la función se mantiene en otras dimensiones energéticas del hiperespacio real multidimensional, aunque con diferentes formas físicas. Esto es lo que expresa la propiedad de *isomorfismo de las funciones* por la que se conserva la función, la relación de asociación primordial de una estructura energética en diferentes configuraciones energéticas del espacio de referencia. En el manto energético real su configuración en portadoras y sub-portadoras determinan las referencias de las estructuras subordinadas a esas portadoras y sub-portadoras; esas referencias afectan a las proyecciones de las estructuras en dimensiones mayores, se ven diferentes, y las relaciones espaciales entre sus componentes presentan una variación con respecto a la misma función original.

Insistimos con lo siguiente, en relación a nuestro ejemplo de la hebra energética.

La función que expresa la relación entre los "puntos" de la hebra describe la *secuencia real de la generación* de sus elementos, pero la *vinculación* entre ellos para formar la hebra que ahora vemos depende de variaciones y redistribuciones en el manto energético en el que se encuentra esa hebra y sustenta su presencia. Es decir, hay una relación primordial que describe el proceso de generación de los componentes de la hebra, y una distribución del manto energético que modula esa generación induciendo la asociación; y a su vez, luego esa misma asociación va a ir cambiando de forma espacial y, o energética con las redistribuciones posteriores del manto energético y dentro de ella misma.

Nosotros sólo vemos un subespectro de todo lo que ocurre alrededor de cualquier y toda manifestación existencial.

El espacio de referencia de las matemáticas es la versión elemental, unaria, del hiperespacio energético de naturaleza binaria.

En nuestro entorno del universo, todo decae; todo evoluciona exponencialmente desde un estado de mayor energía disponible para intercambiar, a otro de menor energía disponible.

Esto está absolutamente confirmado.

Por otra parte, nuestro universo es un espacio energético que tiene propiedades topológicas inherentes (*convergencia, continuidad y conectividad*) por las que se sustenta el isomorfismo que permite las *funciones isomórficas*.

Si tenemos *funciones isomórficas*, entonces hay un entorno de convergencia con respecto al que tenemos funciones inversas u opuestas.

El entorno de convergencia donde hemos definido estas cosas es el espacio de referencia de las matemáticas. Dentro de ese espacio tenemos sub-entornos. Si tenemos dos sub-entornos entre los que estudiamos interacciones, entonces el resto es una interfase, "atmósfera", manto o medio que permite y sustenta a los dos entornos de él y sus interacciones, pues nada puede ocurrir si "algo" no hay entre dos entidades existenciales con identidades propias frente a la unidad existencial, a la unidad a la que converge todo lo que es, todo lo que existe.

En el hiperespacio energético real de naturaleza binaria, en el espacio de existencia, el "entorno" de convergencia en el que se define TODO LO QUE ES, TODO LO QUE EXISTE frente a la no-existencia, es la Unidad Existencial.

El espacio de referencia de las matemáticas es la versión

elemental, unaria, del hiperespacio energético binario. En otras palabras, en el entorno de convergencia existencial, en la Unidad Existencial, tenemos diferentes dimensiones de convergencia (como ya veremos) a partir de la dimensión de convergencia elemental cuya representación es, precisamente, el espacio de naturaleza unaria de referencia de las matemáticas que se subdivide en dos entornos con respecto a cero. El espacio sobre el que se representa el proceso UNIVERSO se hace binario al incorporar el tiempo, haciendo a ese espacio una estructura espacio-tiempo. En cambio, el hiperespacio real es de naturaleza binaria, independientemente del tiempo.

Luego, en relación a la Unidad Existencial, si dentro de ella tenemos *funciones isomórficas*, es porque hay un entorno dentro de la Unidad Existencial con respecto al que tenemos funciones inversas u opuestas; es decir, hay una dimensión energética de referencia con respecto a la que se desarrollan entornos binarios opuestos que permiten y soportan las *funciones isomórficas*.

Cierre de un entorno energético por convergencia de distribuciones de dominios de cargas primordiales.

Hebra energética primordial.
(Revisitación).

En nuestro entorno del universo, todo decae; todo evoluciona exponencialmente desde un estado de mayor energía disponible para intercambiar, a otro de menor energía disponible.

Esto está absolutamente confirmado.

De manera que,

si todo evoluciona según una función exponencial, desde las partículas primordiales hasta el universo todo, es porque todo ha sido generado por una función inversa a la exponen-

---

cial, por la función logarítmica.

Luego,

el universo no puede ser la Unidad Existencial Absoluta eternamente cerrada.

El cierre de la Unidad Existencial es confirmado en las relaciones causa y efecto de la fenomenología energética local basadas en el *Principio de Conservación de Energía*.

El universo es parte de una entidad binaria.

La naturaleza binaria del universo no puede ponerse en duda; está implícita en nuestro modelo espacio-tiempo sobre el que se confirman nuestras leyes locales.

La naturaleza binaria sólo puede manifestarse sobre un arreglo trinitario.

La naturaleza binaria induce una configuración física binaria con respecto a un sub-entorno de convergencia dentro de la Unidad Existencial cuya estructura energética es trinitaria.

En la unidad cerrada, con respecto a un entorno de convergencia de la misma se desarrollan las funciones inversas; es decir, si algo se expande desde el entorno de convergencia, otra cosa se contrae hacia él.

La hebra energética es una estructura energética, un arreglo de asociaciones de sustancia primordial en el hiperespacio unidimensional de naturaleza binaria.

Puede tener cualquier forma que no por ello va a cambiar la función primordial que la define, las interacciones que tienen lugar entre sus componentes y el manto energético en el que la hebra se encuentra y que le sustenta. No obstante, va a cambiar la versión de la función primordial dependiendo de las condiciones del manto energético.

Una hebra energética binaria cerrada es una distribución de elementos binarios.

Esta configuración se demuestra a sí misma en la hebra energética elemental, primordial, representada por la serie en

el espacio de referencia cuyo valor límite es la constante matemática e.

Los números racionales son entidades binarias; se definen por la relación entre dos números.

Una serie de números racionales que converge a un valor límite es una serie de componentes con un gradiente relativo de alguna naturaleza en la secuencia que eventualmente se hace nulo.

En la serie matemática que define a la constante e, el gradiente relativo es la rapidez de la división de los dos números que conforman cada componente con respecto a la rapidez inherente a la suma de los términos. Cada término de la serie se halla en un sub-entorno de volumen espacial cada vez menor que es determinado por el número de sub-períodos tomado para la serie. A medida que se incrementa el número n, la frecuencia en la serie cuyo valor límite es e, se reduce el volumen del entorno espacial asociado a cada subperíodo, y se reduce la dimensión de infinidad de elementos de sustancia primordial en el componente de la hebra energética real.

La constante e, el valor 2,718... se va consiguiendo por la suma del resultado neto de las asociaciones y disociaciones, hasta que se alcanza el espacio límite para el que la rapidez de las disociaciones y reasociaciones es la misma, o ya no tienen lugar, y sólo hay una componente senoidal superpuesta al valor límite nunca alcanzado en la realidad. Esta componente senoidal (no explicitada en la serie matemática) es la que determina la incertidumbre que separa los diferentes dominios de infinidad en el que pueden tener lugar las asociaciones y disociaciones de las partículas primordiales y sus diferentes generaciones. La componente senoidal (o variable) es inherente a la serie; está relacionada con la frecuencia a la que se cambia el período original T=1 en n subperíodos de proceso de adquisición de interés en la aplicación financiera que dio lugar a esta constante $\underline{e}$.

Cada dígito de 2.718... en la representación numérica representa el valor que se va sumando en cada subperíodo de interacción hasta llegar al último. El valor relativo que tiene depende de la posición en la cadena de números (la posición luego de la coma o punto decimal). Ese valor que se suma es una fracción cada vez menor de la unidad inicial que se obtiene a partir del valor que le precede en la secuencia factorial (n!). [La relación secuencial de un valor relativo de un período con respecto al valor precedente es lo que se indica por la posición decimal en el número $\underline{e}$].

Debemos reconocer la consistencia y coherencia que hay detrás de todas las versiones que desarrollamos para representar aspectos del proceso existencial, a instancias de estimulaciones desde el mismo proceso del que somos partes.

Conformación de una Unidad Binaria sobre el hiperanillo de convergencia.

(Para continuar desarrollando).

Un hiperanillo binario se establece por la convergencia de dos espirales logarítmicas desarrolladas sobre un volumen de unidades de naturaleza binaria, las unidades de *carga primordial*, las partículas de primera generación de asociación de la sustancia primordial.

Un volumen de unidades de naturaleza binaria sobre el que actúe una fuerza absolutamente uniforme desde todas las direcciones radiales va a dar lugar a infinitas versiones de distribuciones espaciales logarítmicas de "puntos", de elementos cuyos componentes internos tienen una distribución exponencial a lo largo de cada distribución radial logarítmica.

Nuestro universo y sus leyes locales lo confirman.
Se establece primero una espiral desde la periferia $Z_{LÍM}$ del volumen infinito (finito absolutamente pero inmensurable, fuera de nuestro alcance físico) hacia el centro geométrico Zn a expensas de uno de los componentes binarios de las unidades de carga.

Desde el centro Zn se desarrolla otra espiral a expensas del otro componente binario de las unidades de carga.

Se desarrolla una intersección cerrada absolutamente sobre un hiperanillo límite alrededor del cual la estructura de circulación que se establece varía senoidalmente a causa de las redistribuciones hacia ambos lados del hiperanillo que se suceden continua, incesantemente estimuladas por la pulsación primordial generada por la disociación y reasociación de las partículas primordiales.

Este hiperanillo límite es una circunsferencia en el espacio matemático de referencia.

Sobre el hiperanillo se establece naturalmente una circulación como resultado de las interacciones entre las unidades de cargas primordiales que son cantidades de rotaciones.

Esta circulación presenta una variación senoidal vista sobre una partícula de prueba inmersa en ella. Es lo que se representa por la Identidad de Euler.

La partícula de primera generación de asociación de sustancia primordial (la hebra de ellas a lo largo del hiperanillo de convergencia) tiene sus componentes binarios de masa (asociación de sustancia primordial) y frecuencias de la superficie que contiene a la asociación variando a la mayor frecuencia posible en este entorno, frecuencia determinada por todas las interacciones que convergen al hiperanillo; y desde este valor comienzan a generarse las armónicas mayores por las asociaciones sucesivas, hasta llegar a la componente fundamental en el tiempo correspondiente a las dos estructuras espaciales que conforman la Unidad Binaria.

La Unidad Binaria de interacciones de la Unidad Existencial es inherente a la componente fundamental de la Unidad Existencial; el dominio material es una "banda" cerrada "ecuatorial" de la Unidad Existencial, que tiene dos entornos opuestos diametralmente que varían espacialmente entre dos estados límites en correspondencia con los picos de la componente senoidal temporal.

Podemos tener una *hebra energética volumétrica* en "capas de cebolla", en la que cada elemento de la "hebra" es una esfera que se desarrolla sobre la previa; cada esfera se desarrolla a partir de un hiperanillo primordial, de la estructura cerrada elemental del hiperespacio multidimensional cerrado.

El hiperanillo de la Unidad Existencial puede ser considerado como cerrado por la convergencia de dos distribuciones desde la nada fuera de la esfera periférica límite $Z_{LÍM}$, y desde la nada absoluta en el centro Zn.

Una hipersuperficie interna de la hebra esférica es el entorno de convergencia que separa los dos dominios de elementos que convergiendo permiten las funciones inversas en el hiperespacio multidimensional con respecto a ese entorno de convergencia.

La Unidad Existencial como volumen de unidades de cargas primordiales da lugar a la estructura de circulación, el dominio material que como entorno de convergencia puede describirse por una super Serie de Fourier, por sus componentes senoidales que convergiendo a ese entorno determinan la estructura de circulación del *Sistema Termodinámico Primordial*.

AT III

El proceso racional de la especie humana para el desarrollo de consciencia es estimulado por el proceso ORIGEN

Naturaleza energética de la constante matemática e

Podemos desestimar que haya una conexión premeditada o prediseñada entre el proceso ORIGEN y el proceso racional del ser humano al "descubrir" la naturaleza energética de la constante matemática e, pero el resultado de la interpretación es la base de la función general de la que se derivan todas las expresiones de las relaciones causa y efecto de la fenomenología universal.

Correspondencia entre las series matemáticas y las hebras energéticas.

(Revisitación de la analogía entre un espacio de números racionales y un hiperespacio de cargas primordiales binarias).

NOTA.
La primera versión del reconocimiento y descripción de la naturaleza energética de la constante matemática e se presentó en la referencia (A).1, *Antes del Big Bang*, de la que ahora presentamos una versión resumida.

Cuando se revisa la expresión racional, la serie matemática cuyo valor límite es e que describe la aplicación para el cálculo de interés compuesto, podemos identificar a una secuencia que tiene lugar en un tiempo genérico T=1, el período anual de adquisición de interés (I) del principal (P) que es la cantidad de dinero puesta a trabajar en el mercado financiero.

Ese período genérico es el que luego se subdivide en n subperíodos para el que se calcula el interés cuando n tiende a infinito, a un número muy grande ($n\rightarrow\infty$).

Debemos prestar atención al verdadero significado del período genérico T=1 en muchas expresiones racionales que describen distribuciones o funciones que son "independientes" del tiempo.

Tenemos otros casos de expresiones matemáticas que han sido desarrolladas para períodos de tiempo genéricos T=1 tales como la expresión del trabajo y la espiral logarítmica,

$$T = f.x \qquad\qquad [1]$$

$$r = a.e^{b.\theta} \qquad\qquad [2]$$

donde x es la integral de la velocidad $\underline{v}$ en un período T=1 en [1], y θ es la integral de la velocidad angular $\underline{w}$ en un período T=1, en [2].

Lo que ha ocurrido y que es descripto por las expresiones [1] y [2] son los cambios desde una posición o estado de referencia o estado inicial luego de un período genérico T=1; cambios observados y ponderados sobre una partícula de prueba de masa genérica m=1.

Por una parte, nada, absolutamente nada es independiente del tiempo absoluto, de la cantidad de movimiento de una estructura de referencia por la que se mide el proceso existencial; por otra parte, todo, absolutamente todo cambio depende de la masa $\underline{m}$ del objeto a cambiar, y de las características del manto energético que en estas expresiones están parcialmente tenidas en cuenta en su redistribución de gradientes cuya integral es la fuerza en la dirección de desplazamiento x y en la velocidad cuya integral es x en [1], y en el parámetro b y la velocidad angular w cuya integral es θ en [2].

Ver tiempo absoluto en la sección IX, *Comenzando a resolver y, o entender las incógnitas del proceso UNIVERSO.*

Continuemos con el descubrimiento de la naturaleza energética de la constante matemática e, con la naturaleza energética de la serie matemática cuyo valor límite es e (2.718...).

En el período genérico T=1 colocamos una cantidad P de dinero, el principal, a trabajar en el mercado financiero.

P es un volumen de dinero, un volumen de *unidades de circución* que representan trabajo, energía.

Ese volumen de unidades de circulación se pone a circular en un entorno de trabajo.

Vayamos notando la analogía innegable entre la aplicación de dinero y el trabajo energético real de un volumen de cargas primordiales puestas a circular en una estructura energética.

Insistimos entonces.

Podemos desestimar que haya una conexión premeditada o prediseñada entre el proceso ORIGEN y el proceso racional del ser humano al "descubrir" la naturaleza energética de la constante matemática e, pero el resultado de la interpretación es la base de la función general de la que se derivan todas las expresiones de las relaciones causa y efecto de la fenomenología universal.

Sabemos que una serie matemática es una secuencia de operaciones; es una secuencia sobre una colección de números de un espacio simbólico que representan unidades existenciales, objetos reales en el subdominio material.

Sabemos que en el subdominio material cada objeto es una colección de unidades de circulación (átomos) y unidades de rotación, unidades de cargas (los electrones en el subespectro electromagnético, y las partículas primordiales en el espectro primordial). Luego, cada objeto, cada unidad existencial representada

---

231

por un número del espacio simbólico numérico, es una infinidad de subunidades de circulación y rotación en una dimensión diferente de infinidad. Si el número 1 representa a una roca de infinitos átomos, el número 17 va a representar otra roca de un orden de infinidad 17 veces mayor que el 1.

Eso es lo que ocurre representado análogamente en la serie matemática cuando describimos una hebra energética real.

Una hebra energética es una secuencia de operaciones, de procesos de intercambios energéticos o de intercambios de movimiento primordial, de rotación o de intercambio de unidades de cargas.

Toda secuencia de operaciones reales toma tiempo.

Destacamos,

la serie matemática cuyo límite es la constante e es una secuencia temporal que tiene lugar en el período real genérico T=1.

Lo que describe la serie matemática cuyo límite es el valor e (2.718...) es realmente la representación de una secuencia de operaciones de intercambios energéticos que ocurren sobre un volumen de cargas en un período T=1 que se subdivide en n subperíodos y n tiende a infinito ($n \to \infty$),

$$e = \lim_{n \to \infty} [(1/0!)+(1/1!)+(1/2!)+(1/3!)+(1/4!)+\cdots+(1/n!)] \quad (\Sigma)$$

Ahora bien.

Una secuencia de operaciones puede conducir a un desplazamiento del volumen sobre el que se ejecutan las operaciones; o el volumen permanece en la misma posición con respecto a un sistema de referencia, pero las operaciones conducen a un cambio dentro de él, a una redistribución interna. Este último es el caso de la hebra energética que se representa por la serie matemática.

En matemáticas, el conjunto de *números reales* representa a las unidades de *cargas de naturaleza binaria* de la Unidad Existencial.

En una serie matemática dada de números racionales, el espacio de *números racionales* representa a un subvolumen de *cargas* circulando dentro del volumen total de la Unidad Existencial, y las características de circulación se expresan en la serie misma, en el arreglo de las operaciones y la secuencia que ella describe en el período genérico T=1.

En la aplicación financiera,

el principal P representa el volumen de dinero, de unidades de intercambio de trabajo, de esfuerzo, que en un período genérico T=1 define la "unidad de circulación" dentro del mercado de trabajo, de la "unidad existencial".

En la serie matemática (Σ),

el principal se representa por el primer UNO de la serie, al que se le va sumando el resultado de la interacción con el mercado de trabajo (representado por dinero) al final de cada subperíodo n.

En el primer subperíodo de tiempo igual a T/n, el interés ganado es todo el interés I disponible en el mercado de dinero y que en la expresión genérica es Uno (1); pero el interés integrado realmente en cada subperíodo se ve afectado, va disminuyendo a medida que avanza el proceso de integración, porque <u>el principal P es el volumen de dinero que el proceso de interacción presente o definido inicialmente permite procesar, manejar en un período de proceso T=1</u>, y esa capacidad de proceso se va deteriorando naturalmente a medida que decrece el tiempo de proceso en cada subperíodo <u>n</u> en que se ha subdividido el período inicial T=1. Ese deterioro se representa en los términos de la serie, en la secuencia de operaciones, <u>porque en el mismo espacio de tiempo disponible (T/n) que tiene una capacidad de procesar P/n (o 1/n pues normalizamos el principal P=1) tiene que procesarse una cantidad creciente (P+I) de principal más interés.</u>

Cada término de la suma, de la serie, se lleva a cabo en el mismo tiempo (1/n), es decir, cada término agrega una cantidad que tiende a cero al cabo de un número infinito de subperíodos n.

La serie crece linealmente con respecto al número de subperíodos (1/n) que se van completando en la secuencia, pero no en la cantidad ganada de interés real debido al deterioro de la capacidad de manejar el crecimiento del volumen (P+I) en cada subperíodo. El crecimiento del volumen lo vemos al representar el principal más interés por el número a la izquierda del signo igual. El número 2.718... va creciendo en valor a medida que agregamos un término indicado por el dígito decimal, pero nunca supera el valor límite implícito en el dígito previo. Por ejemplo, en la expresión,

$$2.718281\underline{8}28459... = \Sigma\ [1+(1/0!)+(1/1!)+(1/2!)+(1/3!)+ \cdots\ ]$$

el valor límite absoluto sobre el noveno dígito decimal, 8, es dado por el valor 9 de ese dígito, es decir,

$$2.71828182\underline{9}$$

es el valor límite con una indeterminación de $(1/10^9)$ o 10^{-9}.

Aquí no estamos diciendo nada que no se haya dicho inicialmente para representarlo por una serie matemática en particular, la que arroja el valor $\underline{e}$. La interacción real financiera se representa en la serie matemática, en la secuencia de interacciones en el período genérico T=1 que ha sido subdividido en infinitos subperíodos; pero esta interacción es absolutamente análoga a la que tiene lugar en la Unidad Existencial, de lo contrario no podría dar lugar a la base de la expresión que representa a las cargas que intervienen en todas, absolutamente todas las relaciones causa y efecto de las redistribuciones temporales del proceso UNIVERSO, y en su evolución propia y la de todos sus componentes, sin excepción.

El valor e (2.718...) es el valor final de un proceso energético temporal de redistribuciones de disociaciones y reasociaciones que convergen a un entorno de circulación. Ese pro-

ceso es representado por la *función factorial*; el límite para n→∞ es e̱.

La *función factorial* es la descripción de la evolución de adquisición de masa de una unidad de circulación en función del tiempo, en función del número ṉ de subperíodos de un período genérico T=1.

"Extensión" a la Unidad Existencial de donde realmente proviene la constante matemática e̱.

Carga y descarga de una estructura de circulación.

Una hebra temporal puede describir el cambio de una estructura de circulación dentro de un volumen de unidades de cargas de las que la estructura de circulación es un subconjunto que en el espacio multidimensional de naturaleza binaria llamamos subespectro o subdominio.

La constante matemática e̱ es la representación de lo que ocurre en entornos de cargas binarias cerrados espacial y temporalmente; es decir, la base e̱ de la función primordial que rige las redistribuciones energéticas del proceso existencial es inherente a un hiperespacio binario cerrado absolutamente; es inherente a un espacio-tiempo que corresponde a la distribución de *unidades de cargas primordiales*, de unidades de *volumen* de sustancia primordial y *cantidad de rotación* de ese volumen.

Notemos que siempre tiene que existir un volumen de cargas sobre el que se define una unidad de circulación de ellas, y e̱ es el cambio de esa unidad de circulación cuando el período genérico para el que existe ese volumen de cargas se subdivide en infinitos subperíodos.

Quiere decir que el Proceso Existencial Absoluto, el UNO ABSOLUTO o la UNIDAD DE PROCESO ABSOLUTO, se define sobre un volumen finito UNO de un número infinito (por inmensurable) de cargas, que se redistribuye continua, incesante, eternamente conformando una UNIDAD DE CIRCULACIÓN continua, incesante, eterna, sobre la que convergen todas las redistribuciones en el volumen en un período UNO genérico absoluto. Las redistribuciones son subperíodos del período genérico UNO, y la convergencia de ellas sobre las estructuras de circulación de mayor período van incrementando la circulación de esas estructuras. Es lo que genera las cargas de las unidades de cargas primordiales durante un proceso de convergencia, y es lo que libera cargas en un proceso de divergencia.

Así, la constante e es el valor final de cualquier y todo proceso de convergencia de unidades de cargas, de rotaciones sobre toda unidad de circulación, que ocurren sobre el período natural para la que la unidad de circulación completa un ciclo de circulación; o en otras palabras, por cada orbitación de una partícula subordinada a un núcleo, el cambio de carga máximo que ocurre en su carga, en su asociación de rotaciones de sus elementos, es e.

El proceso existencial se define por las interacciones entre dos entidades: el volumen de sustancia primordial y la nada fuera de ella, la ausencia que permite sustentar el proceso contenido por la Unidad Existencial definida sobre el volumen de sustancia primordial.

El proceso existencial es una hebra binaria de interacciones.

Una hebra de proceso representa a la no-existencia fuera de la sustancia primordial, desde una "asociación infinita" fuera de la hipersuperficie límite $Z_{LÍM}$ de la Unidad Existencial, hasta una "asociación" mínima dentro de Zn, el punto centro de Zn; y un movimiento absolutamente nulo. Es la infinidad absoluta y el vacío absoluto que definen la no existencia fuera de la Unidad Existencial, y que da lugar a la secuencia absolutamente abierta, indefinida, eterna, de redistribuciones de volúmenes cuya suma es infinita, y de períodos cuya suma es infinita.

La otra "hebra" es la distribución interna de sustancia primordial de la Unidad Existencial.

La convergencia de la "nada" fuera de la Unidad Existencial y ésta da lugar a la Unidad de Pulsación Eterna sobre $Z_{LÍM}$.

Dentro de la Unidad Existencial, dentro de $Z_{LÍM}$, tenemos dos hebras de proceso (D_1 y D_2) de redistribuciones cuya convergencia sustenta la Unidad de Circulación (k) en el hiperanillo de convergencia $h\Phi$.

Estas hebras de proceso son las disociaciones de un dominio de distribuciones de unidades de cargas primordiales, y las asociaciones en otro dominio de distribuciones de unidades de cargas primordiales.

Debido a las propiedades isomórficas del manto de sustancia primordial, las hebras de proceso tienen su representación en el espacio de referencia matemático como dos espirales cuya convergencia es una circunsferencia, y en el espacio real es el hiperanillo sobre el que se define la Unidad de Circulación.

Las hebras binarias en el espacio unidimensional son hebras de partículas asociadas por las pulsaciones en fase. Las partículas son binarias, son elementos de masa (dada por la cantidad de asociación) y elementos de frecuencia dada por la rotación de sus superficies Z que contienen la asociación.

La intersección de dos hebras binarias recíprocas, una en disociación y otra en asociación en un manto de partículas primordiales, definen un entorno de convergencia con una circulación alrededor de la cual se redistribuyen espacialmente el resto de las dos hebras (recordar que las partículas son un conjunto de unidades absolutas de rotación asociadas).

Figura C1.
Intersección de hebras binarias.

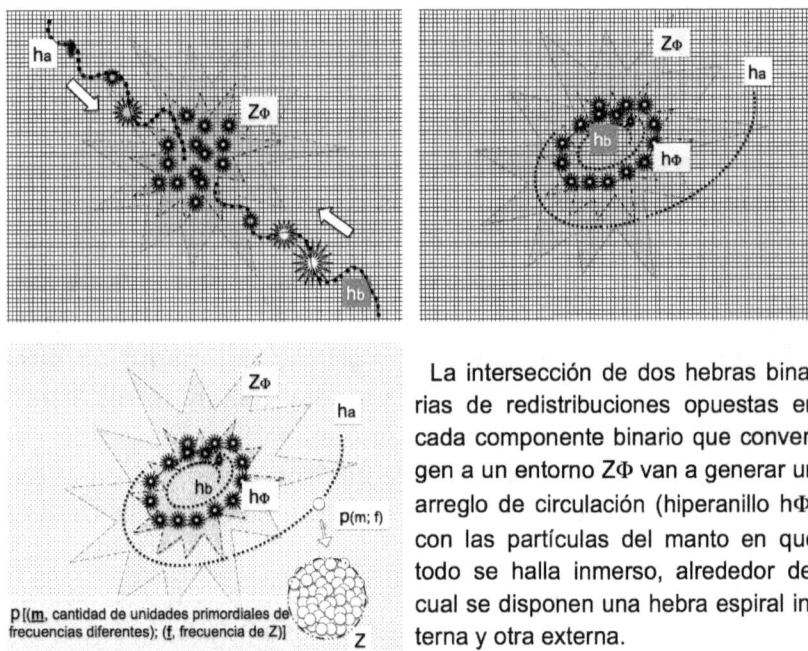

La intersección de dos hebras binarias de redistribuciones opuestas en cada componente binario que convergen a un entorno ZΦ van a generar un arreglo de circulación (hiperanillo hΦ) con las partículas del manto en que todo se halla inmerso, alrededor del cual se disponen una hebra espiral interna y otra externa.

p [(m, cantidad de unidades primordiales de frecuencias diferentes); (f, frecuencia de Z)]

Notar que cada partícula de la hebra binaria es una asociación de infinitas unidades de naturaleza binaria de cargas primordiales, de las primeras generaciones de asociaciones de sustancia primordial [partículas p(m; f), siendo m la masa dada por la cantidad de elementos primordiales asociados, y f es la frecuencia de rotación de la superficie Z, de la superficie resultante neta de la asociación].

AT IV

Recreación del *Sistema Termodinámico Primordial*

"Reconstrucción" del Universo

Origen energético de la estructura primordial que se describe por la expresión matemática Serie de Fourier cuyos términos son sub-series de funciones exponenciales

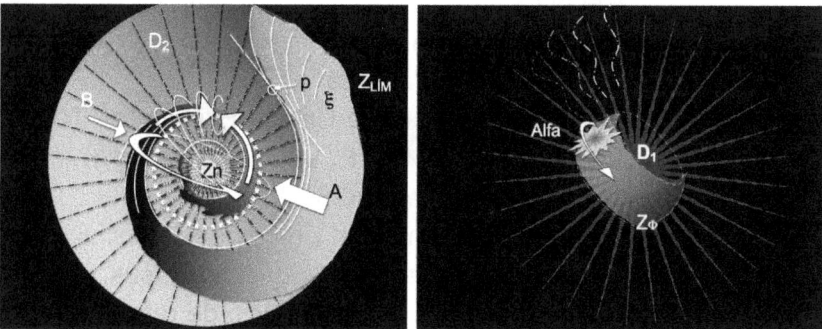

Figura D1.
Separación de la estructura inteligente consciente de sí misma, eterna, del proceso de redistribuciones e interacciones por el que se sustenta el reconocimiento y entendimiento de sí misma.

Muy simplemente descripto,

la presencia de un colosal volumen de energía absoluta, eternamente cerrado, reacciona frente a la nada absoluta fuera de ella.

El volumen de energía es un volumen de sustancia primordial, un volumen de unidades absolutas de energía, de unidades de *cargas primordiales* de naturaleza binaria; es un volumen de dimensiones reales pero infinitas (por inmensurables e inalcanzables físicamente desde nuestro entorno, excepto por sus efectos).

Esta reacción da lugar a una configuración de circulación interna de ese volumen de cargas que sustenta una estructura interactuante binaria que oscila entre dos estados límites alrededor de una componente continua, constante, eterna.

Cuando esto ocurre, no hay matemáticas ni ningún proceso racional ni intención ni propósito pre-diseñado, sino una respuesta natural, inevitable, inescapable, única y conforme a la naturaleza de la sustancia primordial.

Pero, la realidad absoluta es otra.

Si buscamos un ORIGEN de la existencia, no lo hay; la existencia es una presencia eterna.

Lo que es eterno no tiene origen.

"Nada puede ser creado de la nada".

La configuración única que tiene la Unidad Existencial, TODO LO QUE ES, TODO LO QUE EXISTE, es inherentemente inteligente y consciente de sí misma; es DIOS.

No obstante, deseamos entender el proceso existencial; algo deseamos hacer para observar sus componentes y sus interacciones, y se nos ocurre recrearlo en un espacio de referencia, en un espacio matemático.

Ahora bien.

No se puede recrear lo que es eterno.

Del proceso que sustenta la Consciencia Universal, siendo eterna sólo podemos reconstruir un período de recreación de sí misma.

Todo período de recreación tiene absolutamente todos los elementos de la Unidad Existencial y un comportamiento que se desarrolla totalmente como si hubiera habido una "primera vez" que sólo se aplica al proceso de redistribución energética por el que se re-energizan las estructuras cuyas interacciones sustentan la Consciencia Universal. Toda recreación parte de una dimensión de consciencia inicial, primordial, lo que es obvio pues de lo contrario ¿quién estaría recreando el proceso por el que se sustenta a sí mismo?

Sin embargo, a pesar de tener todos los elementos fundamentales del proceso existencial, en nuestro entorno tenemos referencias locales de nuestra "creación" o elección y definidas sobre un entorno energético que evoluciona, y obliga a evolucionar subordinado a él a todo lo que se halle inmerso en él y que es parte inseparable de él.

¿Podemos hacerlo?

¿Podemos recrear un período de re-energización de la estructura de interacciones de la Consciencia Universal partiendo de relaciones causa y efecto y referencias en un minúsculo entorno de nuestro universo, de un universo que evoluciona siguiendo una función que no conocemos?

Veamos.

Antes de embarcarnos en la recreación del proceso de redistribución energética de la Unidad Existencial tengamos siempre presente que nuestra mente es parte, es un subespectro, de la mente del proceso existencial. Si no fuera así, no podríamos haber reconocido los principios absolutos ni las estimulaciones para el desarrollo del proceso racional por el que la identidad temporal del ser humano se reconoce a sí misma y se hace parte de la Consciencia Universal.

El proceso UNIVERSO es parte del proceso de re-energización de las estructuras cuyas interacciones sustentan a la

Consciencia Universal.

El proceso SER HUMANO es parte del proceso por el que se recrean las unidades de inteligencia que se reconocen a sí mismas como unidades de interacción de la Consciencia Universal.

Reconstrucción del universo.

1. La materia "prima" absoluta es la sustancia primordial.

"Nada se crea de la nada".
No podemos negar la sustancia primordial cuya propiedad de adquirir y transferir movimiento, rotación, es la energía.

2. La sustancia primordial es de naturaleza binaria, es decir, sus elementos absolutos tienen un volumen y una cantidad de rotación de ese volumen.

3. La configuración del volumen de sustancia primordial sólo puede ser una hiperesfera, o una esfera multidimensional internamente, pues sobre la periferia del volumen actúan las mismas fuerzas infinitas desde todas las direcciones radiales hacia él. Ver punto 8.

4. Siendo el volumen de sustancia primordial una presencia eterna, cerrada absolutamente, la carga total, la rotación total del volumen de sustancia primordial y sus asociaciones es constante pero se redistribuye incesante, eternamente.

El cierre absoluto, eterno, se expresa en el *Principio de Conservación de la Energía.*

5. El "origen" de la sustancia primordial que da lugar a la confi-

guración de su redistribución y la componente consciente de sí misma, la FUNCIÓN EXISTENCIAL CONSCIENTE DE SÍ MISMA, es un misterio absoluto.

6. Sobre el volumen de sustancia primordial "actúa" la ausencia absoluta fuera de ella, fuera de la periferia de su volumen. Esa ausencia se puede considerar como una fuerza absolutamente infinita o un medio sin capacidad de transferir nada.

7. La incapacidad de transferir nada obliga a los elementos de sustancia primordial que rotan cerca de la periferia a reposicionar sus ejes de rotación de manera que los ejes sean normales a la superficie energética periférica límite, hipersuperficie $Z_{LÍM}$ (hipersuperficie es una superficie de energía).

8. Hay una fuerza infinita, o una incapacidad absoluta de transferir movimiento fuera de $Z_{LÍM}$, que se transfiere radialmente hacia el centro del volumen de sustancia primordial, hacia el centro Zn de la Unidad Existencial.

Sobre el centro se cancelan las fuerzas diametrales opuestas, de manera que en el centro hay una transferibilidad máxima de rotación, infinita (por inmensurable, pero finita real).

9. A medida que sobre un radio se transfiere, desde $Z_{LÍM}$ y hacia el centro Zn, el reposicionamiento de los ejes de rotación de la sustancia primordial y sus asociaciones, la posición de los ejes van cambiando, rotando, debido a que son redisposiciones de unidades de rotación que van redistribuyendo sus cargas también, no solo la posición de sus ejes; y además se van asociando en el camino formando partículas de primera generación de asociación de la sustancia primordial, lo que origina a su vez las unidades de circulación, unidades de partículas orbitando alrededor de núcleos.

¡ATENCIÓN!

Estas partículas no son todavía ni siquiera lo que ahora llamamos subpartículas.

10.   Se van formando las hebras radiales, espirales de distribución de carga, de rotación neta en la dirección de la hebra.

Obviamente, todavía no podemos saber en este instante de
desarrollo de la distribución de cargas qué versión de espiral
es la que se está desarrollando.

Lo que importa destacar aquí es que la versión que sea,
que luego confirmamos, es natural, es inherente al proceso de
redistribución de cargas binarias.

11.   Se van formando espirales sucesivas desde $Z_{LÍM}$ hacia Zn,
y cada espiral tiene una densidad de cargas a lo largo de ella
que disminuye debido a que hay una cantidad de rotación total
constante en la Unidad Existencial, en el volumen de sustancia
primordial, y si se va redistribuyendo en las hebras, éstas van
teniendo una densidad menor.

12.   Es decir, tenemos una distribución espacial de cargas con
dos gradientes: radial y normal a la dirección radial.

13.   Lo importante es notar que estas hebras son las que teniendo un gradiente radial dan lugar al *campo gravitacional primordial*, y teniendo un gradiente normal al radio van generando
una circulación alrededor de ellas y en el volumen de la Unidad
Existencial.

Todas las hebras de redistribución de las cargas se cierran
sobre un entorno infinitesimal en Zn.

Se cierran como una esfera, o un círculo si es visto en un
plano diametral, pues sobre ese entorno convergen las fuerzas
iguales, infinitas que se transfieren desde fuera de $Z_{LÍM}$ hacia
Zn en todas las direcciones radiales a través de los espacios
intersticiales entre los elementos de sustancia primordial. Es
decir que, en cierta forma, dentro del volumen ocupado por la
sustancia primordial <u>coexiste la *existencia*, la presencia de la</u>

sustancia primordial, y la *no-existencia* dada por los puntos de vacío absoluto intersticiales (son los espacios entre las esferillas que representan a los elementos de sustancia primordial).

Hay continuidad absoluta en la sustancia primordial.

14.   ¡ATENCIÓN!
Notemos que las hebras radiales se inician perpendicularmente a la hipersuperficie energética periférica $Z_{LÍM}$, es decir, con un gradiente final que corresponde a una línea recta, que es uno de los dos casos límites de una espiral logarítmica, absolutamente abierta; y en Zn terminan como un círculo, que es el otro caso límite de la curva, absolutamente cerrada.

15.   Una vez cerradas las hebras espirales en Zn, el entorno allí cerrado comienza a adquirir carga, hasta alcanzar el máximo posible que depende del volumen de sustancia primordial de la Unidad Existencial.

Ahora puede imaginarse la cantidad de rotaciones que adquieren las partículas de primera generación de asociaciones en Zn.

16.   **Los elementos de sustancia primordial son absolutamente rígidos, indeformables, pero a medida que se incrementa la densidad de asociación se va haciendo elástica, no porque lo sea la asociación de partículas en sí, sino por la redistribución de las rotaciones de los elementos dentro de la asociación que hace que el efecto se perciba como elástico.**

17.   **Todo lo que hemos descripto comienza a ocurrir sobre un plano preferencial diametral, y así como las hebras van variando radialmente a medida que exploramos el radio siguiente (es decir, que exploramos girando alrededor del centro Zn) también el plano diametral original va rotando**

alrededor del diámetro, generando una espiral esférica.

18.   Dentro de la espiral espacial que converge en Zn se desarrolla otra espiral opuesta desde Zn hacia la periferia, sobre un plano diametral (que pasa por Zn) normal al eje polar límite del entorno Zn.
Llamamos *hiper espiral primordial* $\xi_0\ [(xi)_0]$ a esta primera espiral que converge a Zn.

19.   Esta nueva espiral tiene otra dimensión de infinidad de asociación de las partículas que alcanzando el límite de masa, de asociación de rotación en Zn, son expulsadas fuera de ese entorno por tener menor movilidad a causa de la mayor asociación alcanzada.

20.   La cadena de la nueva generación de partículas primordiales es definida por todas las asociaciones que ocurren en Zn y que se expulsan durante el desarrollo de la redistribución espacial de la nueva espiral desde Zn.

21.   Dada la naturaleza binaria de la sustancia primordial y de sus asociaciones, las partículas primordiales, las hebras de redistribución son hebras de unidades binarias; son hebras binarias, y lo son las espirales, los "juegos" de hebras cuyas intersecciones generan un hiperanillo de convergencia, hΦ, sobre el que se desarrolla la hipersuperficie de convergencia ZΦ de la que el hiperanillo hΦ es su anillo energético ecuatorial.

22.   El hiperanillo de convergencia es el entorno energético del manto primordial que se forma con las partículas primordiales que provienen de Zn, y alrededor de esas partículas se van formando unidades de circulación hasta llegar a la dimensión de los átomos.

23.   La cadena de asociaciones a lo largo del hiperanillo hΦ va

circulando relativamente con respecto a la rotación natural de la hiper espiral primordial ξ_0.

24. Se desarrollan dos estructuras de asociaciones, Alfa y O-mega, en correspondencia con los entornos de mayor y menor densidad de la espiral primordial (entornos indicados como A y B en la ilustración izquierda de la Figura D1).

25. Se alcanza la configuración de redistribuciones de equilibrio como una estructura binaria [Alfa-Omega], cuyos componentes "orbitan" alrededor de Zn mientras son parte de, y están inmersos en la hiper espiral ξ_0 y todas sus modulaciones generadas por la actividad de disociaciones en el entorno $Z_{LÍM}$ y reasociaciones en el entorno Zn.

26. La orbitación de Alfa y Omega se ve sobre cada una de e-lla como expansión y contracción con respecto a un estado medio.

27. NO ES UNA SOLA ESTRUCTURA (Alfa u Omega) pasando por dos estados opuestos con respecto a un estado medio, sino una Unidad Binaria Primordial [Alfa-Omega] pasando por un estado medio.

Esta unidad binaria es por la que en el espacio de referencia se cierra un proceso eternamente a través de componentes periódicas opuestas, como se describe luego por una expresión matemática, por la Serie de Fourier.

El proceso cerrado eternamente no es una respuesta a una expresión matemática, sino que la expresión matemática describe el proceso real cerrado eterna, naturalmente.

28. **La función exponencial de base e es inherente a la redistribución de rotaciones, o de cargas, de todo entorno cerrado de unidades de cargas de naturaleza binaria.**

El entorno Zn es un entorno de convergencia de unidades de cargas; es una asociación de unidades de rotaciones (de asociaciones de unidades desde las diferentes hebras), que tiene lugar a expensas de la disociación de esas unidades de las hebras que convergen.

Cuando la rapidez a la que pueden asociarse se hace igual a la rapidez a la que pueden disociarse desde las hebras, se detiene el proceso de asociación en el entorno Zn.

Esto es lo que se expresa por la serie matemática cuyo valor límite es e (2.718...).

29.   En este momento de la "recreación" de la redistribución energética que tiene lugar dentro de la Unidad Existencial es que tenemos la configuración global fundamental de interacciones entre espirales espaciales; configuración e interacciones que se describen por una Serie de Fourier en la que sus términos son funciones exponenciales de base e dada por el valor límite de la interacción fundamental que tiene lugar en Zn.

En las Figuras D2 y D3 ilustramos la formación de un entorno de convergencia que resultará en nuestro universo (en el detalle superior izquierdo de la Figura D2). No vemos la convergencia en el dominio primordial.

Se proponen diferentes representaciones de la hebra energética binaria (dos hebras) que resulta en el dominio material sobre el hiperanillo de convergencia hΦ.

[Sobre estas ilustraciones, Figuras D1, D2 y D3, se trabaja en las presentaciones introductorias de la configuración de la Unidad Existencial].

Figura D2.
Serie matemática y hebra energética.
Hiperanillo Primordial.

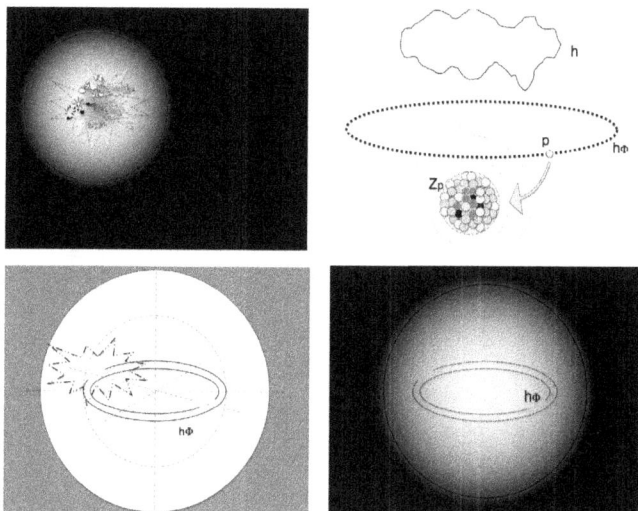

La dimensión primordial del hiperanillo hΦ es una sucesión de partículas primordiales, de unidades de cargas binarias que presentan una distribución opuesta de sus componentes de masa y frecuencia de la superficie periférica de la partícula, que se indica por la doble hebra.

Una hebra varía de (∞) a (1/∞) mientras que la otra lo hace desde (1/∞) a (∞). Cada hebra tiene tres dimensiones de infinidad en el entorno del manto energético en el que se halla.

NO ESTAMOS PRESENTANDO NADA EN ESTE LIBRO ACERCA DE ESTAS DIMENSIONES DE INFINIDAD EN LAS HEBRAS ENERGÉTICAS (excepto algo general visto en la sección V).

El manto energético, las partículas orbitales y los núcleos son de dimensiones de infinidad diferente en las partículas que los componen, y en las frecuencias de rotación individuales de los elementos de sustancia primordial y de las asociaciones.

La hebra binaria parece abierta en los extremos de sus componentes, pero éstos se cierran a través de las partículas [1; 1] del manto. Si los dos extremos "abiertos" coinciden del

mismo lado, el valor energético de ese extremo es [1; 1].
Debemos insistir en que la hebra es una infinidad de partículas [1; 1] resultado de la combinación {[(1/∞), (∞)]; [(∞), (1/∞)]}
dentro de la dimensión [1; 1] del manto.

Figura D3.

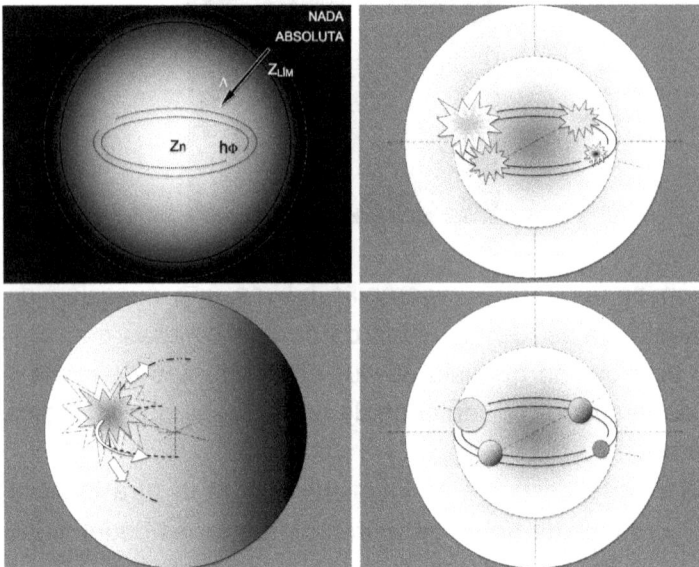

Las hiper galaxias Alfa y Omega varían alrededor de un valor medio dado por las estructuras equinoxiales mostradas en el detalle
derecho superior.
Nosotros estamos en Alfa, en la que vemos (izquierda inferior).
Omega no es visible por estar en un manto energético con otra
densidad energética.

Autor

Juan Carlos Martino es Ingeniero Electricista Electrónico gradua-
do en la Universidad Nacional de Córdoba, Argentina.

Inició su actividad profesional en Área Material Córdoba de la
Fuerza Aérea Argentina, en la Sección Electrónica de la Fábrica
Militar de Aviones, antes de buscar nuevas experiencias de vida,
primero en Venezuela, donde trabajó en la Refinería de Amuay de
Lagoven, Petróleos de Venezuela, y luego en Texas y Colorado,
en los Estados Unidos.

Juan y Norma, su esposa, viven actualmente en San Antonio,
Texas, luego de pasar casi once años en Longmont, Colorado,
donde Juan terminó de prepararse para participar al mundo la experiencia de su encuentro con Dios, con el Origen Absoluto, el
Proceso Existencial Consciente de Sí Mismo, que tuvo lugar en
Sugar Land, Texas, el 4 de Julio de 2001. Esta preparación tuvo
lugar en interacción íntima con Dios en sus exploraciones de los
glaciares de Colorado, en el Parque Nacional de las Montañas
Rocosas, luego de haberse movido a Colorado con este propósito
en Marzo de 2003.

Juan y Norma tienen tres hijos, Mariano, Omar y Carlos.

Desde muy pequeño Juan sintió atracción por la lectura primero, que le abría su imaginación, luego por la electrónica, que le
permitiría más adelante, por su interés particular por las aplicaciones elementales de circuitos resonantes, tener la experiencia que
necesitaría para trabajar con las orientaciones primordiales que
recibió de Dios, para finalmente entender el proceso existencial y
consolidar las leyes energéticas por el *Principio de Armonía* que
rige la evolución del proceso de recreación del universo a partir
del fenómeno temporal que la ciencia reconoce como Big Bang.

Esta consolidación coherente y consistente de las leyes energéticas en todos los entornos locales y temporales del universo es lo que nos permite tener el *Modelo Cosmológico Consolidado,* que describe la Unidad Existencial de la que nuestro universo es un entorno temporal que se recrea periódicamente por un proceso al alcance de todos. Este modelo consolida los dos dominios de la existencia, el dominio material que se alcanza con los sentidos del ser humano y la instrumentación que ha desarrollado, y el dominio espiritual o primordial en el que se halla inmerso el material y que se alcanza a través de la mente. Este *Modelo Cosmológico Consolidado* resuelve los dos retos racionales más grandes de la especie humana en la Tierra, científico uno, el *Origen y Evolución de Nuestro Universo*, y teológico el otro, la *Estructura Energética de la Trinidad Primordial* que la cristiandad reconoce como Padre, Hijo, y Espíritu Santo.

Si desea contactar a Juan Carlos Martino puede hacerlo por e-mail a la siguiente dirección,

jcmartino47@gmail.com

Apéndice

Otros Libros y Proyectos

La relación entre Dios y el ser humano, y la interacción íntima, particular, consciente, con Él

REFERENCIAS (A).

Títulos disponibles en Amazon.com, Inc.

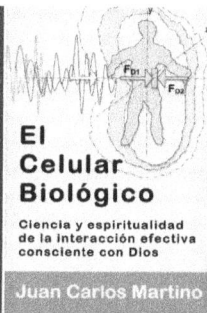

1.
Antes del Big Bang.
Quebrando las barreras de tiempo y espacio.

El triunfo del raciocinio humano.

Entrando a la mente de Dios, del proceso existencial consciente de sí mismo que dio lugar al proceso UNIVERSO en el evento del Big Bang.

Nuestra primera aproximación a la presencia eterna de la que se origina Todo Lo Que Es, Todo Lo Que Existe.

2.
Con Corazón de Niño.
Dios, Tú y Yo, Compañeros en el Juego de la Vida.
Guía para la creación de un propósito o la experiencia de vida que se desea.

Si estabas buscando un *"Manual del Juego de la Vida"* para ayudarte a crear la experiencia que deseas, realizar la mejor versión de ti mismo a la que alcanzas a visualizar, o crear un propósito para la circunstancia de vida en la que te encuentras ahora o en la que fuiste dado a esta manifestación de vida temporal, este libro podría ser ese "manual" válido para todos.

3.
El Celular Biológico.
Ciencia y Espiritualidad de la Interacción Efectiva Consciente con Dios.
¿Quién no desea visualizar la conexión energética real entre Dios y el ser humano, o entre el proceso ORIGEN y el proceso SER HUMANO?

Finalmente, podemos visualizar ambas cosas, y más, mucho más. Podemos "introducirnos" en el mismo proceso en el que estamos inmersos y explorarlo cuánto deseemos. Pero más que nada, podemos establecer y cultivar una interacción íntima consciente efectiva con Dios, o con el proceso ORIGEN, para experimentar plenamente nuestra naturaleza creadora de potencial ilimitado desde, e independientemente de las circunstancias temporales en las que nos encontremos.

4.
Dios,
Consciencia Universal.
Origen y realización del concepto Dios en la especie humana
en la Tierra.
Nuestra alma, siendo parte de la estructura primordial que nos establece y sustenta como una manifestación temporal del proceso SER HUMANO eterno, reconoce el pensamiento del proceso O-RIGEN del que provenimos y somos partes inseparables; y cuando la *identidad cultural temporal* del proceso SER HUMANO está lista, responde a ese reconocimiento del alma. Visualizaremos la conexión energética real que nos permite la interacción por la que resulta nuestra consciencia de Dios a partir de ese reconocimiento.

5, 6 y 7.
Libros de la Serie,
Hechos, La Manifestación de Dios Tal Como Sucedió.
Libro 1, *¿Qué le Sucedió a Juan?*
Libro 2, *El Regreso a la Armonía,*
Libro 3, *El Proyecto de Dios y Juan.*

Estos libros cubren la extraordinaria experiencia de Juan por la que se le abrieron *"las Puertas del Cielo"* y a través de las cuales pasó a otra dimensión existencial, a otra dimensión de la Realidad Existencial. De allí nos trae Juan el mecanismo primordial que rige la interacción íntima consciente con Dios, con el proceso ORIGEN del que provenimos y somos partes inseparables, y las orientaciones e información que necesita el ser humano para alcanzar y entender las respuestas a las inquietudes fundamentales de la especie humana en la Tierra, tener la experiencia de vida que desea, y realizar la mejor versión de sí mismo que alcanza a visualizar.

Título especial para las redes sociales y los medios de comunicación.

8.
El Origen de Dios, el Universo y el Ser Humano.
Evidencia racional, confirmada científicamente, experimentada en el proceso SER HUMANO.
¿Origen Absoluto... realmente absoluto?

Sí. ¿Qué más absoluto que el origen de TODO LO QUE ES, TODO LO QUE EXISTE, y de Todo Lo Que Experimentamos; el Origen de Dios, el Universo y el Ser Humano?

Finalmente la especie humana en la Tierra tiene a su alcance el *Modelo Cosmológico Unificado Científico-Teológico* que describe el proceso existencial consciente de sí mismo, Dios, y su relación con el universo y el ser humano, partiendo desde el Origen Absoluto de TODO LO QUE ES, TODO LO QUE EXISTE, y de Todo Lo Que Experimentamos.

¿Modelo Cosmológico Unificado Científico-Teológico?

¿Una Teoría de Todo?

¿Qué le resuelve esto a la ciencia, y qué a la civilización de la especie humana en la Tierra?

El autor puede ser contactado a través de e-mail, jcmartino47@gmail.com

Próximamente se iniciará a través de las redes sociales una

interacción sobre estos libros y sus tópicos, y la participación del *Modelo Cosmológico Consolidado* al alcance de todos.

Los interesados también tendrán información de acciones, eventos y publicaciones en Youtube,

https://www.youtube.com/channel/UCVoAjWGLbdDMw7s6 4bqOYjA

En este momento, en Youtube hay algunos videos sobre el calentamiento global en la Tierra que fueron publicados en la primera fase de participaciones, antes de la preparación de los libros.

También podrán acceder al website,

www.juancarlosmartino.com

que será rediseñado para apoyar todas las acciones referentes al *Proyecto de Dios y Juan.*

El rediseño de este website se espera ser llevado a cabo hacia el primer semestre del año 2016. Si el rediseño no estuviese listo, al menos habrá una nueva primera página en español para canalizar la información referente al Proyecto y todas las publicaciones.

Los otros libros del autor listados a continuación se encuentran en versiones de trabajo [doc.] y copias en proceso de revisión. Posteriormente serán preparados en los formatos 6"x9" para su publicación.

Se espera tener el libro 1 del apartado B.(I), *Diosiño, Dos Mil Años Después,* listo y a disposición de los lectores en el segundo semestre de este año 2016.

Los otros libros B.(I).2 y 3, y particularmente los del apartado B.(II) debido a sus extensiones,

¡Yo Soy Feliz!,

Bioelectrónica de las Emociones, vols. 1 y 2,

serán revisados a finales de este presente año 2016 año y publicados en una primera versión en formato PDF 8.5"x11" para ponerlos pronto a disposición de los lectores. Una segunda versión en formato 6"x9" se preparará y publicará más adelante, y otras versiones para su distribución gratuita.

REFERENCIAS (B).

(I). Al alcance de todos.

1.

Diosiño, Dos Mil Años Después.

Alcanzando por ti mismo las respuestas que el mundo no puede darle a tu corazón de niño.

2.

Recreación del Universo.

Modelo Mecánico Racional del proceso de re-energización de la Unidad Existencial y de transferencia de la información de vida.

Realización de la Teoría de Todo y el Modelo Cosmológico U-nificado Científico-Teológico.

3.

La Alberca del Cielo.

Una exploración inusual de los bellos glaciares del Parque Nacional de las Montañas Rocosas en Colorado.

(II).

Más avanzado, que incluye la primera aproximación al *Modelo Cosmológico Consolidado,*

4.
¡Yo Soy Feliz!
Bioelectrónica de las Emociones, Vols. 1 y 2.
[Estos libros son una recopilación de las primeras reflexiones que complementaron las que dieron lugar a los libros de **Hechos, La Manifestación de Dios Tal Como Sucedió** en referencia al proceso existencial y nuestra relación energética con él, y a nuestro mundo que es como es].
Ciencia y Espiritualidad de las Emociones,
Al alcance de todos, para todos los intereses del quehacer humano.

Dios, proceso existencial consciente de sí mismo, ¡es real dentro nuestro!

Hoy podemos explorar la inseparable presencia de Dios en la trinidad energética que nos define y el proceso existencial que está codificado en la estructura ADN de la especie humana.

Origen de las emociones en los arreglos biológicos de la especie humana y su función en el control por sí mismo, de sí mismo del ser humano, para el desarrollo de su consciencia, de entendimiento del proceso existencial, la vida, para experimentar, sana y felizmente, la realización de sus deseos y creaciones; y

una motivación íntima, personal, individual, particular, a explorar el proceso existencial del que provenimos, y del que somos partes inseparables, para entender nuestra función y propósitos, individual y colectivo, en él, a través de él, frente a cualquier y todas las circunstancias de vida por las que nos toque pasar.

Volumen 1.
El Ser Humano es una individualización del Proceso Existencial del que proviene a *imagen y semejanza*.
Volumen 2.
¡Yo Soy!
El Creador de Mi Realidad.

OTRAS REFERENCIAS (C).

1.
Conversaciones con Dios, vols. 1, 2 y 3,
Neale Donald Walsch.
G. P. Putnam's Sons Publishers, New York.

2.
Pide y Se Te Dará,
Esther y Jerry Hicks.
Tres pasos para alcanzar lo que deseas,
- Pides;
- El Universo responde;
- Permites que la respuesta fluya hacia ti.

En este libro fascinante y profundamente espiritual, Jerry y Esther Hicks trascienden el plano físico para transmitirnos las enseñanzas de un grupo de entidades superiores que se denominan a sí mismas Abraham: un verdadero manual de espiritualidad, que incluye inspiradores ejercicios para aprender a pedir y a recibir todo aquello que deseamos ser, hacer o tener. Los autores de *El libro de Sara* nos ayudan a comprender nuestra naturaleza como creadores, y nos enseñan a confiar en las emociones para descubrir si nuestro pensamiento está vibrando en armonía con el ser. Nos invitan también a poner en práctica veintidós procesos creativos que nos situarán en la vibración adecuada para hacer nuestros deseos realidad: meditaciones, afirmaciones, interpretación de sueños, construcción de espacios de creación... Es el derecho de todo ser humano el gozar de una vida plena; este libro constituye la mejor herramienta para conseguirlo.

3.
Amar lo Que Es,
Cuatro preguntas que pueden cambiar tu vida,

Byron Katie, Stephen Mitchell.
¿Es eso verdad?
¿Tienes la absoluta certeza de que eso es verdad?
¿Cómo reaccionas cuando tienes ese pensamiento?
¿Quién serías sin ese pensamiento?
Responde a estas cuatro preguntas y luego inviertes tus respuestas.

"Cuanto más claramente te comprendes a ti mismo y comprendes tus emociones, más te conviertes en un amante de lo que es".
Baruch Spinoza.

4.
Biología de la Creencia.
(The Biology of Belief. Unleashing the Power of Consciousness, Matter and Miracles).
By Bruce Lipton.

5.
Plant-Animal Communication (Oxford Biology),
by H. Martin Schaefer (Author), Graeme D. Ruxton (Author).
Molecular Biology of the Cell,
Alberts B, Johnson A, Lewis J, et al.
New York: Garland Sciences.
Virginia Tech College of Agriculture and Life Sciences.

6.
Molecules of Emotion: The Science Behind Mind-Body Medicine, by Candace B. Perth and Deepak Chopra (Dec. 11, 2012).
Candace B. Pert, Ph.D., es profesora investigadora del Dept. de Fisiología y Biofísica del Centro Médico de Georgetown en Washington, D.C. y lleva a cabo investigaciones sobre SIDA.

www.ingramcontent.com/pod-product-compliance
Lightning Source LLC
Chambersburg PA
CBHW060331200326
41519CB00011BA/1900